汉江中下游航运枢纽梯级开发
水生生态环境累积效应研究

王楠　徐鑫　高清军　邢岩◎著

河海大学出版社
HOHAI UNIVERSITY PRESS
·南京·

图书在版编目(CIP)数据

汉江中下游航运枢纽梯级开发水生生态环境累积效应
研究 / 王楠等著. —南京：河海大学出版社，2024.3
ISBN 978-7-5630-8896-6

Ⅰ.①汉…　Ⅱ.①王…　Ⅲ.①汉水—水路运输—区域
水环境—生态环境建设—研究　Ⅳ.①X143

中国国家版本馆 CIP 数据核字(2024)第 036645 号

书　　名	汉江中下游航运枢纽梯级开发水生生态环境累积效应研究	
书　　号	ISBN 978-7-5630-8896-6	
责任编辑	杜文渊	
特约校对	李　浪　杜彩平	
封面设计	徐娟娟	
出版发行	河海大学出版社	
地　　址	南京市西康路 1 号(邮编：210098)	
电　　话	(025)83737852(总编室)　(025)83722833(营销部)	
经　　销	江苏省新华发行集团有限公司	
排　　版	南京月叶图文制作有限公司	
印　　刷	广东虎彩云印刷有限公司	
开　　本	718 毫米×1000 毫米　1/16	
印　　张	18.75	
字　　数	300 千字	
版　　次	2024 年 3 月第 1 版	
印　　次	2024 年 3 月第 1 次印刷	
定　　价	98.00 元	

《汉江中下游航运枢纽梯级开发水生生态环境累积效应研究》

编审委员会

目录
contents

第1章 研究背景 001

  1.1 研究意义 003

  1.2 研究现状 004

  1.3 研究理论 007

  1.4 研究内容 008

  1.5 研究范围和时段 008

第2章 研究区域概况 013

  2.1 自然概况 015

  2.2 水电梯级开发概况 024

  2.3 河流生态环境概况 030

第3章 梯级开发物理生境累积效应研究 037

  3.1 模型构建 039

  3.2 对水文情势累积效应研究 059

  3.3 对水温累积效应分析 159

  3.4 对泥沙累积效应分析 161

  3.5 对水质累积效应研究 164

第4章 流域梯级开发下生态环境影响累积效应研究 199

  4.1 浮游植物累积效应研究 201

  4.2 对浮游动物影响分析 218

  4.3 对底栖动物影响分析 223

  4.4 鱼类累积效应研究 228

第5章 评价方法与指标体系构建及应用 249

  5.1 评价指标体系构建 251

  5.2 评价方法筛选 252

5.3 案例应用 ⟶ 254

5.4 小结 ⟶ 265

第6章 生态环境数据库开发及应用 ⟶ 267

6.1 研究方法及内容 ⟶ 269

6.2 案例应用 ⟶ 275

第7章 生态保护修复措施与建议 ⟶ 283

7.1 工程措施 ⟶ 285

7.2 非工程措施 ⟶ 289

7.3 管理措施 ⟶ 291

7.4 建议 ⟶ 293

第 1 章

研究背景

1.1　研究意义

近年来，"流域—梯级—滚动—综合"模式已成为航运梯级开发的主流模式。航运枢纽梯级开发是高效利用水资源的趋势和必然途径，其可以形成包括发电、防洪、航运、灌溉等目标在内的综合利用格局。在梯级开发模式下，航运枢纽空间布局较为密集，单个航运枢纽对环境的影响必然会以某种形式叠加，产生环境累积效应。梯级航运枢纽开发环境累积影响主要体现在水环境、生态环境和社会环境等方面。本书以汉江中下游干流梯级开发为例，开展梯级开发下物理生境及水生生态环境累积效应研究，阐明梯级开发下河流生态系统要素之间的内在联系和生态过程的时空演变机制，为流域环境与发展综合决策提供依据。

汉江是长江中游最大的支流，发源于秦岭南麓，干流流经陕西、湖北两省，于武汉市汇入长江。汉江干流全长 1 577 km，总落差 1 964 m，全流域面积 15.9×10⁴ km²，多年平均径流量 566 亿 m³。汉江干流丹江口以上为上游，河长 925 km，流域控制面积 9.5×10⁴ km²。丹江口以下至汉口为中下游，通常是指丹江口水库下游的襄阳、钟祥、沙洋、潜江、仙桃和汉川等主要城镇，最后在武汉龙王庙汇入长江，河长 652 km，流域控制面积 6.4×10⁴ km²。

丹江口下游干流河段，包括汉江中下游干流规划河段的各梯级枢纽工程影响区域，以及兴隆水库以下汉江干流流经区域，即包括丹江口—王甫洲—新集—崔家营—雅口—碾盘山—兴隆 7 级水利梯级航运枢纽。

目前已建成的航运枢纽包括丹江口、王甫洲、崔家营、兴隆和雅口，在建的为碾盘山和新集枢纽。

目前在对流域梯级航运枢纽的开发研究中，仍然以单体项目对周围生态影响的研究分析为主，而对各梯级航运枢纽的存在与运行的影响叠加以及流域整体的生态累积影响缺乏定量分析和描述的关键技术支撑，难以反映出河流生态系统要素之间的内在联系和生态过程的时空演变机制。对此，通过本研究可探求梯级航运枢纽对区域水生生态系统的影响规律和机理，进而阐明汉江中下游干流物理生境及水生生态系统对水电梯级开发的响应机制和累积效应。

1.2　研究现状

目前单个航运枢纽开发将迫使淹没区陆生生态系统退化消失，改变其下游受影响河段的环境与生态，破坏自然河流连续性与连通性，是影响河流生态系统显著且强烈的人类活动。河流梯级开发对其生态系统的影响可能存在"累积效应"，即将大坝拦截阻隔河道，对河流生态系统的影响逐级"放大"。然而，"累积效应"的作用对象、途径与水文生态机制目前仍不明晰。针对如何有效减缓航运枢纽对河流生态系统的不利影响，如何优化航运枢纽管理运行以可持续地发挥其对人类社会福祉的贡献，依然成为当前地球科学研究领域的重要问题，备受关切。

因此，以汉江中下游干流梯级开发对水生态环境的累积影响为例，研究梯级开发下物理生境及水生生态环境累积效应，对解决水资源开发利用影响流域生态环境恢复和保护中的关键问题具有重要作用，对维持我国河流的生态系统健康和可持续发展具有重要的指导意义。

累积环境影响评价是指通过识别和分析累积环境影响要素（影响源、累积影响途径、累积影响效应）对过去、现在和未来的开发、建设项目（或方案）实施后可能产生的环境影响，从时间和空间上分析、预测和评价该项目影响的累积效果，提出预防或减缓不利累积影响的对策措施，为项目规划提供决策建议。

1.2.1　国外研究进展

随着对累积环境影响的重视及深入研究，对累积影响评价方法的研究也经历了一个发展的过程。累积影响评价方法大致分为三类：一类用于分析累积影响的影响源；一类侧重分析累积影响途径；还有一类用于分析累积效应。Lagory 等[1] 在针对哥伦比亚河流域的研究中，提出了关于梯级水电开发的聚类累积影响分析方法，加拿大的 Smit 等[2] 探讨了关于环境累积响应的评价方法。

国外已经开展了关于梯级水库的累积影响评价方面的关键性问题研究，并逐步过渡到累积影响形成机制研究。例如 Brismar[3] 对 6 个专门针对大坝累积环境影响的环境评价报告作了回顾总结，结果表明：在这些报告中，没有识别出关键的影响源，影响途径的分析也不到位，一些次要的影响因素反而受到了更多的关注，如水库淤积问题。

Kibler 等[4] 采用水库水面、淹没范围、河湖连通性、保护区影响、栖息地多样性、径流改变、滑坡危害、潜在地震等 14 个指标来研究怒江水电开发的累积影响，通过对比分析大型水利工程与小水电群，发现小水电群的累积影响远大于大型水利工程产生的累积影响，特别是对水文情势和栖息地改变的影响。

1.2.2 国内研究进展

20 世纪 80 年代初，国内主要开展的是单个项目的环境影响评价。直到 1997 年原国家环境保护局（现中华人民共和国生态环境部）颁布的《环境影响评价技术导则 非污染生态影响》（HJ／T 19—1997，现由 HJ19—2022 代替），才对自然资源开发项目等的区域生态环境影响提出考虑累积影响的要求。

此后，国内开展了从累积环境影响评价基本概念到评价方法方面的一系列研究。毛文锋等[5] 利用地理信息系统（GIS）进行了累积影响评价，研究表明，GIS 手段能够有效监测和追踪人类活动行为和环境状况，能提取环境影响在不同时段和空间区域的累积特征，有助于人们进行累积影响评价。吴贻名等[6] 利用系统动力学方法分析了疏勒河流域开发对生态环境的累积影响，研究表明，系统动力学方法能够动态描述环境影响的变化过程，同时也能够通过空间变化描述空间累积效应，是一种有效的累积影响评价方法。

陈庆伟等[7] 初步研究了流域开发活动对水环境产生的累积影响，从水环境累积效应的机理分析入手，分析了环境因素在流域开发活动作用下的变化情况，利用交互矩阵法建立了各工程间的相互作用矩阵，定义了累积影响系数，定量计算了流域环境累积影响程度。

刘兰芬等[8] 采用现场观测和数学模型计算相结合的方法，就流域开发对河流水温结构的影响进行研究，结果表明，梯级开发程度与水温变化累积程度呈正相关。

王波等[9] 以梯级水电开发对水生境的累积影响为研究对象，分析了水电梯级开发对水生境累积影响的作用特点，并提出了一些评价方法，但是未给出具体研究过程及实例验证。

此外，由于对累积环境影响重要性的认识不断加强，研究者从不同专业领域的多个侧面展开了相关研究。付雅琴[10] 发表了《基于复杂系统理论的梯级水电开发生态环境影响评价研究》，该论文将梯级电站与其所在流域的生态环境定义为"梯级复合生态环境系统"，通过与单项水电工程的环境影响相比较，认为梯级电站的环境影响具有累积性，并构建了分析与评价的整体框架模型。

范继辉[11] 发表了《梯级水库群调度模拟及其对河流生态环境的影响——以长江上游为例》，结合流域梯级开发对环境的影响具有累积性特点，探讨了水库群的不同布局方式及调度方式对环境的影响，建立了长江上游水库群联合调度的模拟系统并进行了动态仿真模拟，同时还研究了不同水库群的不同调度规则对生态基流的影响。

根据李哲等[12] 发表的《河流梯级开发生态环境效应与适应性管理进展》，"累积效应"强调梯级开发对河流生态系统的影响相对于单一水库（或大坝）应当是"正馈"的（即逐级放大），但"累积效应"并非作用于所有生态要素，梯级水库对某些特定生态要素的时空变化，可能不具有累积影响。如浊度、无机磷等在梯级水库中的累积变化响应十分迅速，但亦有生态要素在梯级水库中的响应显著滞后（如蓝绿藻优势度）甚至无响应（如无机氮）。

由于梯级水库适宜生存的生物群落发育同生境要素配置变化之间存在时间差，即梯级水库中生物群落发育所需时间可能长于生境要素配置对变化水文环境的响应，因此，梯级水库对河流水生生态系统结构、功能是否产生"累积效应"，需开展进一步研究。

目前，梯级航运枢纽开发的累积影响评价研究仍处于初级阶段。首先，对梯级航运枢纽工程累积影响形成机理的科学认识不足。目前，大部分研究主要集中于累积影响的概念性和评价方法方面的研究，很难作深入研究。其次，缺乏定量评价累积影响的关键技术支撑，部分研究不是建立在累积影响形成的物理过程分析基础上，难以反映出河流生态系统要素之间的内在联系和生态过程中的演变机制，无法体现出累积影响的时空特性和不确定性。最后，尽管认识到梯级开发的累积影响的重要性，但是很难提出基于累积影响形成机理的调控方案和减缓措施。

因此，本书拟以汉江中下游干流梯级开发为研究对象，开展梯级开发下物理生境及水生生态环境累积效应研究，重点阐明梯级开发下河流生态系统要素之间的内在联系和生态过程中的时空演变机制，提出汉江中下游干流梯级开发水生生态累积效应综合评价指标体系，为汉江流域梯级开发与生态保护综合决策提供技术支撑。

1.3 研究理论

本书基于河流生态系统理论，重点研究梯级开发下对河流水文、水质及水生生物要素的累积效应，分析梯级水电工程开发下河流监测断面—河段—流域不同空间、时间尺度的叠加影响，确定河流生态因子、敏感保护物种、关键河流生态过程，构建合适的评价指标体系量化累积影响，并从工程措施、非工程措施及管理措施三个角度进行整体河流生态修复。

河流生态系统是一个复杂、动态、开放、非平衡和非线性的系统[13]，包括生物群落和非生物河流生境，存在着物质、能量、信息和价值的流动。人类活动的干扰是生态系统中重要的因素，决定着物质、能量、信息和价值流在河流生态系统与社会经济系统之间的流动状态。河流生态系统具有相对稳定性、动态平衡性及变异性，虽自身具有一定的自我调节能力，但过度的人类干扰会导致河流生态系统退化、其自身的自我调节能力失效甚至导致河流生态系统崩溃。

河流生态系统理论发展至今，各国研究学者提出了多种河流生态系统概念模型，经过不断发展，相关学者提出河流四维连续体概念[4]，继承了河流连续体的概念。该概念反映了河流流态与生物群落的相关性。河流水文要素包括流量、水位、泥沙、水文特征值等，河流水文要素及其特征值的变化规律是河流生物群落组成和多样性的决定条件。

河流生态系统由生物环境和非生物环境组成，其中非生物环境是生物赖以生存的基础，对河流生态系统具有重要的影响。随着梯级水电工程大规模的开发，其对河流水流的控制性逐渐增强，改变了水流的特征变化及水流相关特性，加剧径流序列的复杂性，其影响随着年代的变化呈增长趋势。这些影响导致特定区域不同河段的天然来水时间序列混乱，进而影响与天然水流长期适应的非生物与生物的正常演化及发展，对其产生累积效应。水流变化能够调节河流水生生物群落分布及种群数量，影响河流栖息地的生物多样性、稳定性，导致物种入侵、种群结构改变等生物行为的相互作用，这些变量共同构成河流生态系统的完整性与多样性[14-15]。

1.4 研究内容

（1）开展汉江中下游干流梯级航运枢纽开发前后、现状水文、水质及水生生态环境资料收集与调查，建立汉江中下游干流水生生态环境数据库，形成可视化梯级开发工程情况、水文、水质及渔业资源数据库。

（2）研究梯级航运枢纽开发对库区、减水河段、产卵场等不同水段物理生境、营养盐、初级生产力、底栖生物及典型鱼类种类与数量变化情况，阐明河流各生态要素相互之间的关联性和影响程度，分析水生生态系统的演替规律。

（3）在阐明梯级开发对汉江中下游干流物理生境及水生生态演替规律条件下，构建梯级航运枢纽开发对水文水动力-水质-水生生物累积效应综合评价指标体系。

1.5 研究范围和时段

1.5.1 研究范围

包括汉江中下游干流规划河段的各梯级枢纽工程影响区域，以及兴隆水库以下汉江干流流经区域，即包括丹江口—王甫洲—新集—崔家营—雅口—碾盘山—兴隆7级水利梯级枢纽，如图1.5-1所示。

1.5.2 研究时段

采用幕景分析法，选择丹江口大坝加高前（南水北调中线工程一期工程调水前）作为基准年，即为2012年，现状情景为第二水平年，模拟已建成大坝影响2018年（生态调度实施）、2020年（丰水年）；预测中情景选择雅口建成蓄水运行后，调水量约为90亿 m^3；预测高情景选择碾盘山建成蓄水后，调水量约为90亿 m^3。

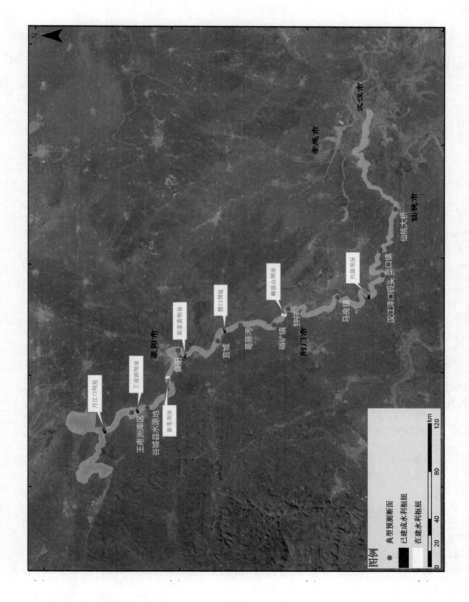

图 1.5-1 典型预测断面分布图

空间划分：预测空间划分，主要是兴隆以上汉江中游库区断面（5 个典型断面），兴隆以下汉江下游河流断面（3 个典型断面）。重点选择库区、水源保护区、产卵场等敏感区设置典型断面。具体说明如表 1.5-1 所示。

表 1.5-1　流域累积影响研究设置情况

情景设置	情景方案	预测时段、断面	预测指标
低情景（2012 年）	丹江口、王甫洲、崔家营枢纽业已建成并正常运行（按照设计工况）；丹江口大坝尚未加高；兴隆未建	全年分析，重点选择 2012 年汛期 6—8 月和非汛期 1—3 月，兴隆以上和兴隆以下各断面分析变化情况	水文（水位、流速和流量），结合 5 个水文站实测数据，预测和验证汉江中下游干流水位、流速和流量变化情况；给出全年各断面水文变化分布图，重点针对汛期和非汛期说明流域变化情况
现状情景（2018 年）	丹江口大坝加高后，南水北调调水量 69 亿 m³；王甫洲、崔家营、兴隆枢纽建成正常运行；引江济汉正常运行	全年分析，重点选择 2018 年汛期 6—8 月和非汛期 1—3 月，兴隆以上和兴隆以下各断面分析变化情况	水文（水位、流速和流量），结合 5 个水文站实测数据，预测和验证汉江中下游干流水位、流速和流量变化情况；给出全年各断面水文变化分布图，重点针对汛期和非汛期说明流域变化情况，分析与 2012 年相比兴隆以上和兴隆以下各断面水文变化情况
现状情景（2020 年）	丹江口大坝加高后，2020 年调水量实际运行情况（2019—2020 年南水北调中线工程水量调度年度为每年 11 月 1 日至次年 10 月 31 日，供水 86.22 亿 m³）；王甫洲、崔家营、兴隆 3 个枢纽业已建成并正常运行（按照设计工况）；引江济汉工程正常运行（2019 年向汉江调水 35.87 亿 m³，平均 31 亿 m³，参照执行）	选择 2018 年、2020 年梯级开发影响情况，汛期和非汛期针对不同断面变化分析，兴隆以上和兴隆以下整体变化分析情况	水文（水位、流速和流量），根据南水北调和引江济汉工程实施以来，结合 5 个水文站实测数据，预测和验证汉江中下游干流水位、流速和流量变化情况；给出全年各断面水文变化分布图，重点针对汛期和非汛期说明流域变化情况，分析与 2012、2018 年相比兴隆以上和兴隆以下各断面水文变化情况
中情景（雅口建成运行后）	南水北调一期工程（雅口建成运行后）调水量实际运行情况（约 90 亿 m³）；王甫洲、崔家营、兴隆枢纽建成正常运行；引江济汉正常运行；雅口枢纽建成运行后	汛期和非汛期，针对不同断面变化分析，兴隆以上和兴隆以下整体变化分析情况	水文（水位、流速和流量），增加雅口水利枢纽建成运行，调水量增加，其他不变，分别按照汛期和非汛期预测汉江中下游干流水位、流速和流量变化情况；给出全年各断面水文变化分布图，重点针对汛期和非汛期说明流域变化情况，分析与 2012、2018、2020 年相比兴隆以上和兴隆以下各断面水文变化情况

（续表）

情景设置	情景方案	预测时段、断面	预测指标
高情景（碾盘山建成运行后）	南水北调一期工程（雅口建成运行后）调水量实际运行情况（约90亿m³）；王甫洲、崔家营、兴隆枢纽建成正常运行；引江济汉正常运行；雅口枢纽建成运行后；碾盘山枢纽建成运行后	汛期和非汛期，针对不同断面变化分析，兴隆以上和兴隆以下整体变化分析情况	水文（水位、流速和流量），增加雅口水利枢纽建成运行，调水量增加，其他不变，分别按照汛期和非汛期预测汉江中下游干流水位、流速和流量变化情况；给出全年各断面水文变化分布图，重点针对汛期和非汛期说明流域变化情况，分析与2012、2018、2020年，雅口建成运行后兴隆以上和兴隆以下各断面水文变化情况

1.5.3 研究路线

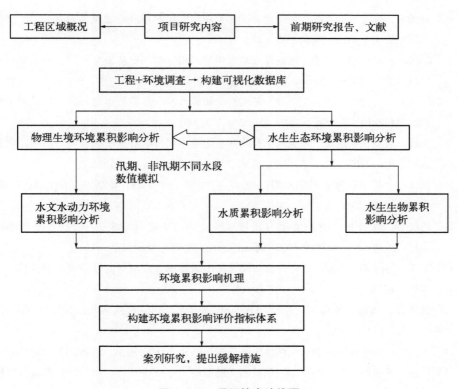

图 1.5-2 项目技术路线图

参考文献

[1] LAGORY K, STULL E, VINIKOUR W. A proposed methodology to assess the cumulative impacts of hydroelectric development in the Columbia River Basin [J]. Environmental Analysis：NEPA Experience, 1989 (1)：408-423.

[2] SMIT B, SPALING H. Method for cumulative effects assessment [J]. Environment Impact Assessment Review, 1995, 15 (1)：81-106.

[3] BRISMAR A. Attention to impact pathways in EISs of large dam projects [J]. Environmental Impact Assessment Review, 2004, 24 (1)：59-87.

[4] KIBLER K M, TULLOS D D. Cumulative biophysical impact of small and large hydropower development in Nu River, China [J]. Water Resources Research, 2013, 49 (6)：3104-3118.

[5] 毛文锋，吴仁海，张淑娟. 地理信息系统在累积环境影响评价中的应用 [J]. 环境科学进展，1998, 6 (6)：61-67.

[6] 吴贻名，张礼兵，万飚. 系统动力学在累积环境影响评价中的应用研究 [J]. 武汉水利电力大学学报，2000, 33 (2)：70-73.

[7] 陈庆伟，陈凯麒，梁鹏. 流域开发对水环境累积影响的初步研究 [J]. 中国水利水电科学研究院学报，2003, 1 (4)：56-61.

[8] 刘兰芬，陈凯麒，张士杰，等. 河流水电梯级开发水温累积影响研究 [J]. 中国水利水电科学研究院学报，2007, 5 (3)：173-180.

[9] 王波，黄薇，杨丽虎. 梯级水电开发对水生境累积影响的方法研究 [J]. 中国农村水利水电，2007 (4)：127-130.

[10] 付雅琴. 基于复杂系统理论的梯级水电开发生态环境影响评价研究 [D]. 武汉：华中科技大学，2009.

[11] 范继辉. 梯级水库群调度模拟及其对河流生态环境的影响——以长江上游为例 [D]. 成都：中国科学院·水利部成都山地灾害与环境研究所，2007.

[12] 李哲，陈永柏，李翀，等. 河流梯级开发生态环境效应与适应性管理进展 [J]. 地球科学进展，2018, 33 (7)：675-686.

[13] 董哲仁，张晶，赵进勇. 环境流理论进展述评 [J]. 水利学报，2017, 48 (6)：670-677.

[14] 余文公. 三峡水库生态径流调度措施与方案研究 [D]. 南京：河海大学，2007.

[15] 杜强，王东胜. 河道的生态功能及水文过程的生态效应 [J]. 中国水利水电科学研究院学报，2005, 3 (4)：287-290.

第 2 章

研究区域概况

2.1 自然概况

2.1.1 气象、气候

汉江中下游属亚热带季风气候区，北有高大雄伟的秦岭山脉阻挡西北南下的干冷气流，形成温暖湿润的气候条件。流域冬季受蒙古高气压的控制，夏季则受太平洋高气压的影响，四季分明，光热充足，雨热同季。流域无霜期230~260 d，年平均气温15~17 ℃，有利于各类作物生长。流域降雨分布总趋势是南多北少，年平均降水量800~1 100 mm。受季风环流的控制，流域各地降雨主要集中在5—9月，尤其在7、8月的盛夏多发生暴雨。由于降水量年内时空分布极不均匀，流域内易发生洪涝和干旱灾害。大风一年四季均有发生，出现最多的是汉江中游河谷和应山、大悟一带，全年8级以上大风日数在15 d以上，下游江汉平原全年大风日数为10 d左右。

汉江中下游各主要县（市）的主要气象资料统计列于表2.1-1。

表2.1-1　汉江中下游各气象站气候特征值

项　目	单位	谷城	襄阳	荆州	钟祥	潜江	仙桃	汉川	汉口
多年平均降水量	mm	936.8	869.2	1 079.7	955.4	1 135.9	1 170.3	1 208.9	1 222.5
多年平均蒸发量	mm	1 283.1	1 430.7	1 285.8	1 412.7	1 246.4	1 432.0	1 298.8	1 447.2
多年平均气温	℃	15.4	15.6	16.2	15.9	16.1	16.4	18.1	16.3
历年极端最高气温	℃	41.4	41.1	38.6	39.7	37.9	38.8	38.4	38.8
出现时间	—	1961.7.23	1961.7.23	1978.8.2	1961.6.22	1961.7.19	1971.7.21	1971.7.21	1978.8.3

（续表）

项　　目	单位	谷城	襄阳	荆州	钟祥	潜江	仙桃	汉川	汉口
历年极端最低气温	℃	-19.7	-14.8	-14.9	-15.3	-16.5	-14.2	-14.3	-18.1
出现时间	—	1977.1.30	1977.1.30	1977.1.30	1977.1.30	1977.1.30	1977.7.30	1977.1.30	1977.1.30
多年平均相对湿度	%	78	76	80	77	81	80	80	79
多年平均风速	m/s	1.8	2.8	2.3	3.2	2.4	2.6	2.4	2.4
历年最大风速	m/s	18.0	20.2	16.3	18.7	15.7	13	20.0	15.3
出现时间	—	1977.3.3	1978.4.23	1973.4.10	1979.2.21	1983.5.14	1980.4.13	1983.4.15	1980.7.27
历年最多风向		W	SSE	N	NNE	N	NNE	N	NNE
多年平均日照时数	h	1 829.8	1 895.3	1 845.7	2 007.0	1 880.3	1 980.2	1 982.3	2 035.1
多年平均无霜期	d	307	318	326	328	328	344	322	318

注：W 指西风，SSE 指东南偏西风，N 指北风，NNE 指东北偏北风。

2.1.2　水温

已收集汉江中下游河段 5 个水文监测站的水温监测数据，得到了汉江中下游各个监测断面处 2011—2020 年年均水温值（2014 年沙洋水文站迁建并更名为兴隆水文站）。图 2.1-1 为汉江中下游河段 2011—2020 年年均水温变化示意图，可以看出近十年汉江中下游水温在 13~19 ℃波动变化。汉江中下游干流已建的 3 个梯级枢纽中只有丹江口水库为稳定分层型，故汉江中下游干流水温分布主要受丹江口水库下泄低温水的影响。丹江口大坝建成后，其下游河段水温较建坝前有所降低，其中丹江口大坝下游 6 km 的黄家港站水温最低，下游沿程河段水温逐渐升高（图 2.1-2）。

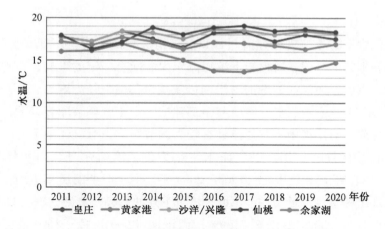

图 2.1-1 汉江中下游河段近十年水温变化示意图

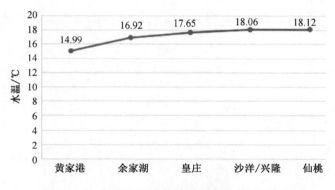

图 2.1-2 丹江口大坝下游沿程水温变化示意图

2.1.3 水文

（1）径流特性

汉江属雨源型河流，径流主要来自降水，因此径流年内分配很不均匀，汛期（5—10 月）径流量占全年径流量的 78.9%，11 月至次年 4 月只占 21.1%，全年径流以 1、2 月份来水最少。汉江径流年际变化很大，其最大、最小径流量之比在 3 以上。汉江年径流地区组成不均匀，主要产流区位于丹江口以上。据统计，丹江口水库入库径流，白河以上来水量占 73.2%，堵河占 17.3%，丹江占 4.3%，其他支流及区间占 5.2%。中下游河道的来水量，水库下泄占皇庄径流量的 77.4%，南河占 4.1%，唐白河占 7.3%，其他支流及区间占 11.2%。

汉江中下游干流现已建有丹江口、王甫洲、崔家营、兴隆等水利枢纽，这些水利枢纽的兴建，对枢纽下游径流年内分配有一定的影响，特别是丹江口水库的兴建，使汉江下游河道汛期径流减少，枯季径流增大。丹江口水库于 1967 年 11 月下闸蓄水，1973 年全部建成，由于其调节库容较大，故丹江口水库建成后对汉江中下游径流具有较大调节影响，对汉江中下游径流年内再分配起了有益的作用。以皇庄水文站为例，该站在丹江口水库建库前（1956—1967 年）和建库后（1968—2004 年）两个时期的历年实测径流年内分配呈现出枯季径流量增加，汛期径流量下降的趋势，该站枯季（11—4 月）径流量百分比由 22.7% 增至 31.9%；而汛期（5—10 月）径流量百分比由 77.3% 减少至 68.1%。

汉江中下游水文站分布如图 2.1-3 所示，主要站点基本情况如表 2.1-2 所示。

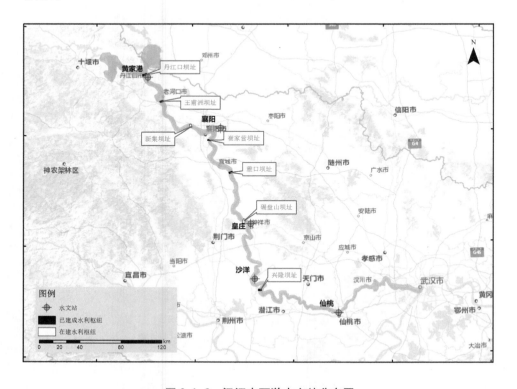

图 2.1-3　汉江中下游水文站分布图

表 2.1-2　汉江干流主要站点的基本情况表

站名	站别	断面地点	至河口距离/km	集水面积/km²	观测时间
黄家港	水文	湖北老河口赵岗村	619	95 217	1953.8 至今
襄阳	水文	湖北襄阳市	516	103 261	1929.5 至今
皇庄	水文	湖北钟祥皇庄街道	384	142 056	1974 至今
沙洋	水文	湖北荆门沙洋镇	297	144 219	1929.5 至今
仙桃	水文	湖北仙桃市	157	144 683	1932.3 至今

（2）水文变化

根据监测数据得到汉江中下游近 10 年水位变化的示意图（图 2.1-4）。

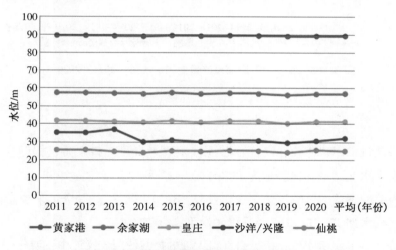

图 2.1-4　汉江中下游河段水位变化示意图（2011—2020 年）

由图 2.1-4 可以看出，各站点近 10 年水位基本保持稳定，5 个站点水位由高到低分别为：黄家港 > 余家湖 > 皇庄 > 沙洋（兴隆）> 仙桃，其中水位最低的仙桃站比水位最高的黄家港站 10 年平均水位低 64.08 m。此结果与 5 个站点同丹江口大坝的距离是相吻合的，说明在丹江口大坝的调节下，沿程下泄流量逐渐减少，导致水位逐渐降低。

5 个站点近 10 年流量监测数据及变化情况示意图如图 2.1-5 所示。由图中可以看出，各站点流量水平差别不大且近 10 年变化趋势基本一致。2011 年流量最高，为 1 630 m³/s（皇庄），此后逐年降低，至 2014 年丹江口大坝加高后，流量呈现波动变化的趋势，5 个站点中流量最低的为黄家港站，流量最高的为皇庄站，推测是由于唐白河、蛮河、竹皮河等支流的汇入。

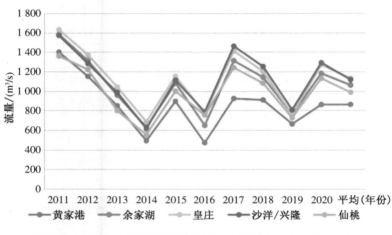

图 2.1-5　汉江中下游河段流量变化示意图（2011—2020 年）

2.1.4　泥沙

丹江口水库建库前，汉江中游泥沙主要来自丹江口上游，据调查，建库前黄家港水文站平均输沙量为 12 700 万 t/a，平均含沙量为 2.92 kg/m³，输沙量年内分配不均匀，输沙集中在汛期 7、8、9 三个月，占全年来沙量的 80%以上；枯水期 12、1、2 三个月输沙量不到全年的 1%。

丹江口水库建库后，由于丹江口大坝的拦截作用，汉江中下游年输沙量大幅度减少，2000 年前，黄家港输沙量不足建库前的 1%（约为 100 万 t/a），襄阳仅为建库前的 7.5%，皇庄和沙洋分别为建库前的 21% 和 22%。建库后洪峰流量明显削减，在输沙量减少的同时，输沙过程也较建库前均匀。受清水下泄影响，汉江中游河床发生严重冲刷，中下游泥沙主要来自中游河床冲刷补给和区间支流汇入。襄阳水文站泥沙主要来自中游河床冲刷和支流唐白河与南河来水携带的泥沙。

汉江中下游 5 个水文站输沙量情况见图 2.1-6。由图分析可知，当前汉江中下游平均年输沙量从丹江口到河口呈现增加趋势。2011 年输沙量最高，此后输沙量减少，2014 年后开始出现波动趋势，与流量变化的情况基本一致。输沙量最少的黄家港站 10 年平均输沙量为 5.66 万 t/a，仅为建库前的 0.04%。

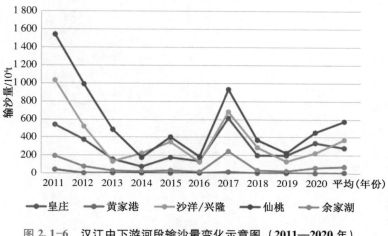

图 2.1-6 汉江中下游河段输沙量变化示意图（2011—2020 年）

2.1.5 地形地貌

汉江流域地势西北高，东南低。西北部是我国著名的秦巴山地，海拔高程自西向东由 3 000 m 降至 1 000 m，山间的汉水谷地以峡谷地貌为主，间有盆地分布。东南部由山丘区逐渐向东南倾斜至广阔的江汉平原，平原地势平坦，河网交织，湖泊密布，堤垸纵横，海拔高程一般在 50 m 以下（图 2.1-7）。

全流域分为三个典型河段：丹江口以上为上游，长 925 km，控制流域面积 9.52×10⁴ km²，具峡谷、盆地交替特点，滩多，水急，河床纵坡大，河床质以卵石为主，局部为石质，平均比降 0.6‰以上。主要支流有左岸的褒河、旬河、夹河、丹江，右岸的任河、堵河等。地形主要为中低山区，占 79%，丘陵占 18%，河谷盆地仅占 3%。丹江口至钟祥为中游，长约 270 km，流域面积 4.68×10⁴ km²，流经丘陵地带，为宽浅型游荡性河段，枯水期河宽300~400 m，洪水期河宽达 2~3 km，沙滩众多，河床冲淤不定，落差 52.6 m，平均比降 0.19‰。入汇的主要支流有左岸的小清河、唐白河，右岸的南河、蛮河、北河等。地形以平原为主，占 51.6%，山地占 25.4%，丘陵占 23%。钟

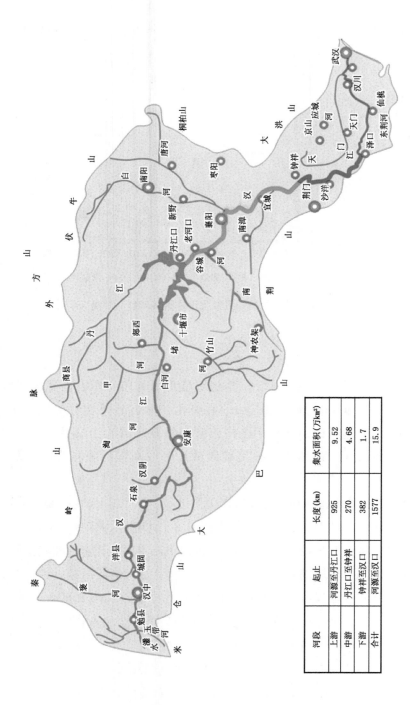

河段	起止	长度（km）	集水面积（万km²）
上游	河源至丹江口	925	9.52
中游	丹江口至钟祥	270	4.68
下游	钟祥至汉口	382	1.7
合计	河源至汉口	1577	15.9

图 2.1-7　汉江流域示意图

祥以下至汉口为下游，长约 382 km，流域面积 1.70×10^4 km^2，流经江汉平原，两岸筑有堤防，沙质河床，河宽逐渐缩窄，至河口仅 200 m 左右，属蜿蜒性河道，落差 41.8 m，平均比降 0.06‰，有汉北河于左岸入汇，右岸东荆河分流口分水入长江。下游平原占 51%，山地占 22%，丘陵占 27%。

2.1.6　地质条件

2.1.6.1　主要地质概况

汉江中下游分属几个不同的大地构造单元，主要是南襄坳陷和江汉凹陷等。中下游地区次一级构造单元还有丹江断陷、襄阳断陷、襄—广（济）大断裂、大洪山褶皱带以及汉水地堑等。汉江干流河谷地层岩性，中游襄阳上河床中峡谷地形为武当山东脉伸入而形成，基岩多为古生代结晶片及硅英岩；中下游河槽及河漫滩为第四纪全新世沉积物所组成，厚度 10~20 m。

丹江口以下钟祥以上的中游河谷外沿以低山丘陵为主，一般海拔高度在 500 m 左右，主要为中、新生代沉积岩，河谷和南襄盆地多由岗状地形组成，海拔标高在 75~160 m。钟祥以下的下游河谷两岸地势平坦，河网交织，湖泊密布，地面标高一般在 40 m 以下，地质主要为第四纪洪、冲沉积物分布。

2.1.6.2　水文地质概况

1. 汉江襄阳江段

汉江中游襄阳地区地下水主要赋存于第四系高漫滩和一级阶地的砂、砂砾石层中，水量丰富，属孔隙潜水。地下水在高漫滩地带埋深 3~5 m，一级阶地埋深 2.2~4.5 m，地下水位高于汉江水位 1 m 以上，地下水主要受大气降水补给，汉江两岸地下水向汉江排泄，汛期则汉江水倒灌，暂时补给地下水。第四系二级阶地及龙岗地带地下水埋藏一般较深，且赋水性差。

2. 汉江雅口枢纽江段

库区内左岸高家阁—南洲段、右岸散家洲—小河镇及红山头—万旗营段堤内为一级阶地或高漫滩，上部以粉质壤土为主，下部为透水性较强的砂或砂砾石。地下水可分为第四系松散层内孔隙水及基岩承压水，地下水埋深较浅，一般 1.8~3.7 m。第四系孔隙潜水赋存于河床、漫滩及一级阶地的细砂、砂砾石层中，主要由地表水和大气降水补给，向汉江排泄。基岩内承压水赋存于疏松的砂岩、砂砾岩中，相对隔水层为透水性极弱的黏土岩、泥灰岩或胶结较好的砂岩薄层，承压含水层厚度分布较稳定，一般 20 m 左右，承压水位 46.34~51.33 m，一般稍高于或低于汉江水面。

3. 汉江碾盘山枢纽江段

钟祥地区地下水主要是第四系孔隙水。一级阶地地下水埋深 3~6 m，地下水水位 41.7~46.4 m。平时地下水均排泄于汉江。一级阶地地面高程 48 m，高出平水期江面 6 m。

4. 汉江兴隆枢纽以下江段

汉江下游河道两侧地下水主要为第四系孔隙潜水、孔隙承压水及碎屑岩裂隙孔隙承压水、基岩裂隙水。孔隙潜水多分布在砂性土、壤土中，受大气降水垂直渗入补给，洪水期地表水体补给潜水，枯水期潜水向地表水体排泄。孔隙承压水含水岩组由粉砂、细砂、砂卵（砾）石层、砂壤土等组成，与江河水水力联系强，还受上、下含水岩组的越流补给。碎屑岩裂隙孔隙承压水赋存在下伏上第三系碎屑岩裂隙孔隙中，补给来源主要为盆地边缘补给区的第四系孔隙水及地表水。基岩裂隙水埋藏于上泥盆统五通组中细粒石英砂岩的裂隙中，富水性主要取决于构造条件，总的来说富水性较小。

由以上调查可见，汉江中下游干流两岸地下水和汉江地表水之间有较强的水力联系，一般情况下地下水补充来自降水，并向汉江泄流，在汛期汉江水位较高时会出现地表水补充地下水的现象。

2.2　水电梯级开发概况

汉江中下游干流水利枢纽开发时序为：丹江口水利枢纽为汉江干流最大的水利工程，初期工程于 1958 年 9 月开工建设，1973 年完成初期规模；王甫洲水利枢纽是汉江中下游衔接丹江口水利枢纽的第一座发电航运梯级，已于 2000 年建成发电，2003 年通过各单项验收；新集水电站是汉江中下游丹江口水利枢纽以下的第二级枢纽，工程等级为Ⅱ等工程，2020 年 12 月开工，目前正在建设中；崔家营航电枢纽是汉江中下游丹江口水利枢纽以下第三级枢纽工程，2010 年主体工程完工并投产运行；雅口航运枢纽是汉江中下游丹江口水利枢纽以下第四级枢纽工程，2016 年开工，2023 年完成；碾盘山水利水电枢纽是汉江中下游丹江口水利枢纽以下的第五级枢纽，属Ⅱ等工程，2019年开工，2023年2月完成一期蓄水；兴隆水利枢纽作为汉江干流规划的最后一个梯级，为Ⅰ等工程，为平原区低水头径流式枢纽，2009年开工，2014年建成并投产运行，各梯级开发水利枢纽见表2.2-1。

2.2.1 已建电站建设概况

（1）丹江口水利枢纽（图2.2-1）

图2.2-1 丹江口水利枢纽

丹江口水利枢纽位于湖北省丹江口市汉江干流与丹江汇合处的下游800 m处，控制流域面积$9.52×10^4$ km^2，坝址处平均流量1 230 m^3/s，具有防洪、发电、灌溉、航运等综合效益。丹江口水利枢纽为汉江干流最大的水利工程，初期工程于1958年9月开工建设，1974年完成初期规模，坝顶高程162 m，正常蓄水位157 m。水库面积745 km^2，回水线沿河道长度，汉江为177 km，丹江为80 km。总装机容量90 MW，年发电量38.3亿 kW·h。

丹江口水利枢纽后续工程即丹江口大坝加高工程，也是南水北调中线一期工程的水源工程。丹江口大坝加高后，水库正常蓄水位由157 m提高到170 m。混凝土坝坝顶高程由162 m加高到176.6 m，两岸土石坝坝顶高程加

表 2.2-1 汉江中下游干流规划梯级工程特性表

项目	单位	丹江口（初期）	丹江口大坝加高（后续）	王甫洲	新集	崔家营	雅口	碾盘山	兴隆
流域面积	10⁴ km²	9.52	9.52	9.53	10.3	13.06	13.31	14.03	14.42
平均流量	m³/s	1 230	1 230	1 215	1 282	1 470	1 520	1 569	1 569
年径流量	亿 m³/s	387.8	387.8	383.1	404.3	463.6	479.3	494.8	494.8
正常蓄水位	m	157	170	86.23	76.23	62.73	55.22	50.72	36.23
死水位	m	140	150	85.48	75.93	62.23	54.72	50.32	—
消落深度	m	17	20	0.75	0.3	0.5	0.5	0.4	—
调节性能	—	年	不完全多年	丹江口的反调节水库	日	日	日	日	无
装机容量	MW	900	900	109	120	96	75	180	40
年发电量	亿 kW·h	38.3	33.78	5.81	5.03	4.3	2.53	6.16	2.18
开发任务	—	防洪、发电、灌溉、航运	防洪、供水、发电、航运	发电、航运、灌溉、养殖、旅游	发电、航运	发电、航运、防洪、灌溉	发电、航运、灌溉、旅游	发电、航运、灌溉	发电、航运、灌溉
实施情况	—	建成	建成	建成	在建	建成	建成	在建	建成
建成时间	—	1974 年	2014 年	2000 年	—	2010 年	2023 年（2021 年蓄水）	2023 年蓄水	2014 年
建设地点	—	丹江口市	丹江口市	老河口市	襄阳市	襄阳市	宜城市	钟祥市	潜江市
建设单位或潜在业主	—	汉江水利水电（集团）有限责任公司	汉江水利水电（集团）有限责任公司	湖北汉江王甫洲水力发电有限责任公司	大唐襄阳水电有限公司	湖北省汉江崔家营航运枢纽工程建设管理处	湖北省汉江雅口航运枢纽工程建设指挥部	湖北省汉江现代水利有限公司	湖北省南水北调工程建设管理局

高至 177.6 m。丹江口大坝加高工程校核洪水位 174.35 m，死水位 150 m，极限死水位 145 m，防洪限制水位 160~163.5 m。水库面积 1 050 km²，回水长度汉江为 194 km，丹江为 93 km。

丹江口大坝加高后，丹江口水利枢纽可向南水北调中线受水区供水 95 亿 m³，同时灌溉唐白河灌区 210 万亩①农田，年均发电量 33.78 亿 kW·h。工程于 2005 年 9 月开工建设，2009 年 6 月，混凝土坝坝顶全线贯通，2010 年 3 月，混凝土 54 个坝段全部加高到顶。目前，丹江口水利枢纽维持较高水位运行，南水北调中线工程自 2014 年年底开闸通水以来，截至 2015 年 7 月，丹江口水库已累计向北方供水 11.36 亿 m³。为满足汉江中下游用水部门的用水要求，来水保证率小于 90% 的年份，要求丹江口水利枢纽下泄流量不小于 490 m³/s。

（2）王甫洲水利枢纽（图 2.2-2）

图 2.2-2　王甫洲水利枢纽

王甫洲水利枢纽位于湖北省老河口市汉江干流上，上距丹江口水利枢纽约 30 km，控制流域面积 9.53×10⁴ km²，坝址处平均流量 1 215 m³/s。枢纽的任务以发电为主，结合航运，兼有灌溉、养殖、旅游等作用。

---

① 亩：土地面积计量单位，1 亩≈666.67 m²。

王甫洲水利枢纽是汉江中下游衔接丹江口水利枢纽的第一座发电航运梯级。水库正常蓄水位 86.23 m，工程建成后增加了发电效益，也可作为丹江口水利枢纽的反调节水库；改善坝址上游通航条件，使丹江口至王甫洲河段达到 V 级航道标准，保证老河口市已建的跨江老河口大桥下净空满足正常通航要求。工程总装机容量 109 MW，年发电 5.81 亿 kW·h。

（3）崔家营航电枢纽（图 2.2-3）

图 2.2-3　崔家营水利枢纽

崔家营航电枢纽位于汉江下游距襄阳市 17 km 处，控制流域面积 13.06×10^4 km^2，本枢纽上距丹江口水利枢纽 142 km、王甫洲水利枢纽 109 km，下距河口 515 km，坝址处平均流量 1 470 m^3/s，是以航运为主，兼顾发电、以电养航等综合利用的工程。

崔家营航电枢纽是汉江中下游丹江口水利枢纽以下第三级枢纽工程。水库正常蓄水位 62.73 m，装机容量 96 MW。崔家营枢纽属 II 等工程，规模为大（2）型。枢纽配套建设了 1 000 t 级船闸，可改善库区段航道约 30 km 通航条件。

（4）雅口航运枢纽

雅口航运枢纽坝址位于汉江下游距襄阳宜城市 15.7 km 处流水镇雅口村，上距襄阳市区约 80 km，是汉江干流湖北省内梯级开发中的第 5 级，上距丹江口水利枢纽 203 km，下距河口 446 km。雅口航运枢纽的开发任务以航运为主，结合发电，兼顾灌溉、旅游等综合利用功能。枢纽正常蓄水位 55.22 m，死水位 54.72 m，相应枢纽工程等别为Ⅱ等，规模为大（2）型，具备日调节性能。电站装机规模为 75 MW，多年平均发电量为 2.53 亿 kW·h。该枢纽工程船闸级别为Ⅲ级，通航船舶等级为 1 000 t。

（5）兴隆水利枢纽（图 2.2-4）

图 2.2-4　兴隆水利枢纽

兴隆水利枢纽位于潜江兴隆与天门鲍嘴交界处，与引江济汉工程、汉江中下游部分闸站改造工程和汉江中下游局部航道整治工程同属于南水北调补偿工程。枢纽为Ⅰ等工程，为平原区低水头径流式枢纽。工程正常蓄水位 36.23 m，灌溉面积 327.6 万亩，库区回水长度 76.4 km，规划航道等级为Ⅲ级，过船吨位 1 000 t，电站装机容量为 40 MW。

兴隆水利枢纽作为汉江干流规划的最后一个梯级，其主要任务是枯水期抬高兴隆库区水位，改善两岸灌区的引水条件和汉江通航条件，兼顾发电。兴隆水利枢纽主要由泄水建筑物、通航建筑物、电站厂房、鱼道和两岸连接交通桥组成，坝轴线总长 2 835 m。

兴隆水利枢纽于 2009 年 2 月正式开工；2009 年 12 月实现了大江截流；2013 年 11 月，首台机组并网发电；2014 年 9 月，全部机组投入生产，工程全面竣工。

2.2.2 在建电站概况

（1）碾盘山水利水电枢纽

碾盘山水利水电枢纽位于汉江中下游钟祥市境内，工程坝址位于文集镇沿山头，控制流域面积 14.03×10⁴ km²，坝址处平均流量 1 020 m³/s（丹江口调水后成果）。碾盘山水利水电枢纽是汉江中下游丹江口水利枢纽以下的第五级枢纽，正常蓄水位为 50.72 m（黄海高程），校核洪水位 50.81 m，属Ⅱ等工程。电站装机容量为 180 MW，年发电量 6.16 亿 kW·h，主要为钟祥市和荆门市供电，电力电量纳入湖北省电力系统。该枢纽工程船闸级别为Ⅲ级，通航船舶等级为 1 000 t。

工程主要开发任务为发电、航运，兼顾灌溉等综合利用。兴建碾盘山水利水电枢纽是地区经济发展需要，也是电力系统作为枢纽的首要任务。

（2）新集水电站

新集水电站位于汉江中游湖北省襄阳市襄城区和樊城区境内，坝址位于白马洞，上距王甫洲枢纽 47.5 km，下距崔家营航电枢纽 63.5 km，距襄阳市区 28 km，控制流域面积 10.3×10⁴ km²，坝址处平均流量 1 282 m³/s。结合开发条件和地区社会经济发展的要求，电站的开发任务以发电、航运为主。

新集水电站是汉江中下游丹江口水利枢纽以下的第二级枢纽，为河床式电站厂房，自身调节库容很小。水库建成后，随着水位抬高，可改善库区两岸的灌溉用水条件，增加农田灌溉面积，提高灌溉保证率，为农业生产创造有利条件。新集水电站最大坝高 22.3 m，正常蓄水位 76.23 m（黄海高程），属于大（2）型水库，装机容量 120 MW，工程等级为Ⅱ等。

2.3 河流生态环境概况

2.3.1 水环境质量

为阐明梯级开发工程对汉江中下游流域累积性环境影响，课题组收集了丹江口坝下、襄阳（临汉门）、仙桃和汉口集家嘴 4 个监测断面 2010—2019

年共 10 年的水质监测数据。参照国家《地表水环境质量标准》（GB 3838—2002）初步判断监测断面水质状况，了解其主要污染因子。

评价结果表明，丹江口坝下 2013 年为Ⅲ类水质，超标因子为粪大肠菌群，超标倍数为 1.10，其余年份为Ⅱ类水质。襄阳和仙桃断面各年均为Ⅱ类水质，下游的集家嘴断面 2010—2015 年为Ⅱ类水质，2016—2019 年为Ⅲ类水质，超标因子为粪大肠菌群（图 2.3-1），超标倍数为 1.18~1.56。粪大肠菌群超标表明水体受病原微生物和粪便污染，可能引发霍乱、伤寒等肠道疾病，并造成大范围暴发。推测菌群超标与生活污水的排放有关，表明水体受人为活动影响较大。

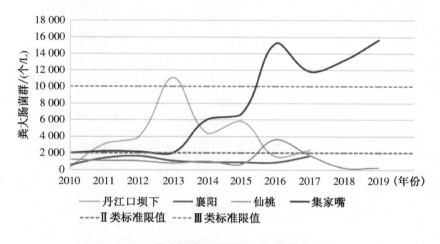

图 2.3-1　粪大肠菌群各站位年际变化分布图

将各断面历年监测指标作图，分析其年际变化情况。图 2.3-2 为高锰酸盐指数变化情况，高锰酸盐指数变化范围为 1.62~3.04，均低于Ⅱ类水质标准值，年际变化范围不大，表明水体有机污染程度不严重，水质较好。从空间上来看，兴隆水利枢纽下游的仙桃和集家嘴断面略高于其上游的丹江口和襄阳断面，表明下游有机负荷较上游来说略高。图 2.3-3 为总磷浓度变化情况，丹江口坝下和襄阳断面总磷浓度略高于Ⅰ类水质标准值，年际变化范围不大。位于兴隆水利枢纽下游的仙桃和集家嘴断面总磷浓度能够满足Ⅱ类水质标准，但较上游高，推测由于其上游的钟祥、潜江和仙桃均有磷肥厂排污口，总磷浓度在 2013 年兴隆大坝建成后略有上升趋势，在 2016 和 2017 年达到最高值。图2.3-4为氨氮浓度变化情况，从图中可以看出，除仙桃2010年氨氮浓度较高外（0.49 mg/L），其余断面历年氨氮浓度波动不大，变化范围为0.04~0.24 mg/L。集家嘴断面氨氮浓度在2013年最高，之后趋于平稳，推测与兴隆大坝的建成运行有关。

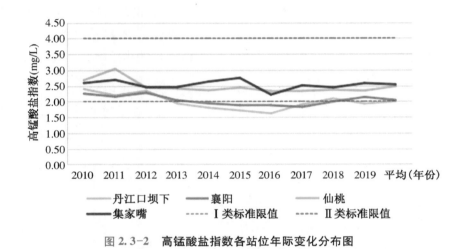

图2.3-2 高锰酸盐指数各站位年际变化分布图

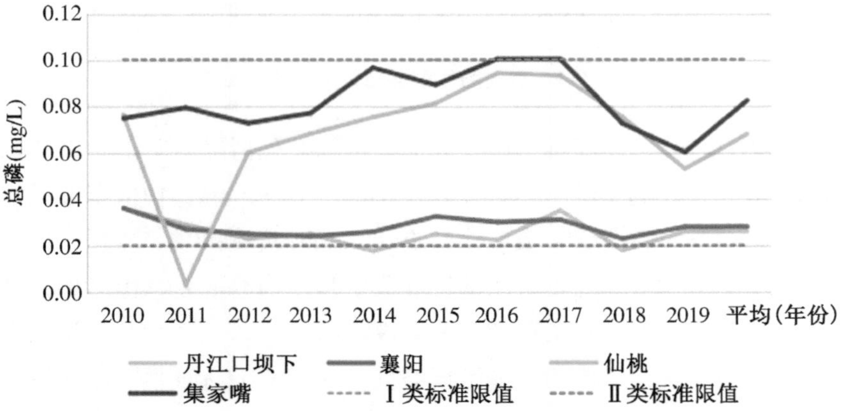

图2.3-3 总磷各站位年际变化分布图

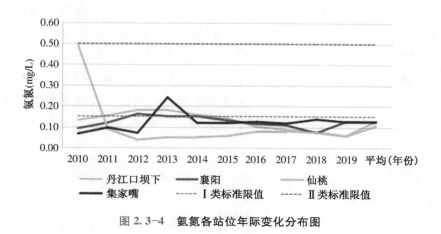

图 2.3-4 氨氮各站位年际变化分布图

2.3.2 水生生态环境

2.3.2.1 浮游植物现状调查

汉江中下游浮游植物以硅藻、绿藻和蓝藻为主，硅藻门在种类上占优势，占总种类的 50% 以上；其次是绿藻门种类较多。浮游植物优势种为以下四种：颗粒直链藻极狭变种（*Melosira granulata var. angustissima*）、变异直链藻（*Melosira varians*）、颗粒直链藻（*Melosira granulata*）、梅尼小环藻（*Cyclotella meneghiniana*）。

从空间变化上看，老河口、襄阳、转斗、罗汉闸 4 个断面的玛格列夫（Margalef）多样性指数平均值较高，石剅和宗关 2 个断面玛格列夫多样性指数平均值较低。老河口、襄阳、转斗、罗汉闸的玛格列夫多样指数略高于红旗码头、石剅，说明老河口、襄阳、转斗、罗汉闸的水质略好于红旗码头、石剅，且襄阳略好于老河口和转斗。新沟的玛格列夫多样性指数比红旗码头、石剅高，这主要与新沟断面的浮游藻类种类数明显较多相关，但此断面耐污型的浮游藻类种类明显增多。

2.3.2.2 浮游动物现状调查

汉江中下游浮游动物主要包括原生动物、轮虫、枝角类和桡足类，主要以原生动物和轮虫为主，绝大部分属世界性广布种。

老河口光化大桥、襄阳古城码头监测断面浮游动物中球形砂壳虫

（*Difflugia globulosa*）、针棘匣壳虫（*Centropyxis aculeata*）等寡污性种类出现次数较多，而沙洋罗汉闸、汉口宗关水厂、汉川新沟监测断面以钟虫属（*Vorticella* sp.）、螺形龟甲轮虫（*Keratella cochlearis*）、角突臂尾轮虫（*Brachionus angularis*）、前节晶囊轮虫（*Asplanchna priodonta*）、微型裸腹溞（*Moina micrura*）和剑水蚤属（*Cyclopidae* sp.）等耐污性种类出现次数较多，这说明汉江中下游江段沿着水流方向水体受污染的程度逐渐加剧。

2.3.2.3 底栖动物现状调查

底栖动物主要包括昆虫纲、寡毛纲、腹足纲、蛭纲、双壳纲和甲壳纲，主要以昆虫纲、寡毛纲为主。

汉江中下游底栖动物优势种为多足摇蚊属（*Polypedilum* sp.）、淡水壳菜（*Limnoperna lacustris*）、拟开氏摇蚊属（*Parakiefferiella* sp.）和摇蚊属（*Chironomus* sp.）。

在空间尺度上，前4个断面（老河口、襄阳、石剅和罗汉闸）底栖动物群落多样性要高于后4个断面，其中罗汉闸江段的物种多样性指数 HN 和物种丰富度 D 最高，分别为2.61和5.12，而宗关江段最低，分别为1.01和1.12。

2.3.2.4 渔业资源调查

结合已开展调查及历史资料分析，汉江中下游鱼类种类组成及珍稀特有鱼类分析如下：

（1）种类组成

汉江中下游共分布有125种（亚种）鱼类，隶属于10目21科72属，长江特有鱼类25种。其中鲤形目4科52属90种，占总种数的72%；鲇形目5科7属17种，占总种数的13.6%；鲈形目5科6属11种，占总种数的8.8%；鲟形目、鲑形目、鳗鲡目、鲱形目、鲉形目、颌针鱼目和合鳃鱼目各1科1属1种，各占总种数的0.8%。

（2）珍稀、濒危、特有鱼类

在汉江中下游鱼类中，有国家二级重点保护鱼类5种，即鳡、多鳞铲颌鱼、胭脂鱼、长薄鳅、红唇薄鳅。湖北省重点保护鱼类有14种，分别为东方薄鳅、汉水扁尾薄鳅、鳡、鳤、鳊、尖头鲌、翘嘴鲌、中华倒刺鲃、多鳞铲颌鱼、齐口裂腹鱼、细体拟鲿、大眼鳜、细尾蛇鮈、长吻鮠。

调查水域鱼类的主体是鲤科鱼类的江河平原类群，其次是南方平原类群及古第三纪类群，还有少量中印山区类群及个别河海洄游种。尽管该流域鱼类区系组成呈现一定的多样化，但仍能显示以温带东亚鱼类为主体的区系特征。

第 3 章

梯级开发物理生境累积效应研究

3.1　模型构建

3.1.1　情景方案设置

在前述章节对汉江中下游流域水文要素和生态环境要素的统计分析基础上，本章节采用数值模拟方法进一步对汉江中下游干流研究区域内现状开发活动和未来规划开发活动带来的环境影响进行预测分析。

（1）目前南水北调中线工程引水规模尚未达到一期设计年调水量 95 亿 m^3，但 2020 年调水量已经达到 86.22 亿 m^3，且于 2020 年 4 月 29 日至 6 月 20 日实施了首次 420 m^3/s 加大设计流量输水，在此期间接近工程最大调水规模 132 亿 m^3 工况下的运行状态，对评估分析南水北调工程影响具有典型意义。

（2）研究区域内各水利枢纽建设工作交错进行，建设周期持续较长，在试运行阶段已开始截流蓄水，上述工程对汉江干流水文情势产生明显的影响。如兴隆水利枢纽工程于 2014 年投入运行，但 2013 年 4 月已开始蓄水试运行，即提前近一年已经改变所在区域水文情势。

（3）引江济汉工程于 2014 年开始运营，补充了兴隆枢纽以下河段因南水北调工程实施而减少的水量，保证了汉江下游河段的灌溉、饮水、航运和生态需求。自 2014 年，在引江济汉工程的调节作用下，汉江兴隆枢纽以下河段水量、水质相对平稳。考虑到引江济汉工程 2020 年引水量为 300 m^3/s，设计引水量为 350 m^3/s，最大引水量为 500 m^3/s，而当前多年平均引水量尚未达到设计工况，该工程调节能力尚有较大空间，故汉江中下游梯级调度影响主要集中在丹江口水库下游至仙桃断面附近。

模型分析的情景方案设置情况如表 3.1-1 所示。

表 3.1-1　情景方案设置情况

情景设置	情景方案	预测时段、断面	预测指标
2012 年	丹江口、王甫洲、崔家营两个枢纽业已建成并正常运行（按照设计工况）；丹江口大坝尚未加高；兴隆未建	全年分析，重点选择 2012 年汛期 6—8 月和非汛期 1—3 月，选取雅口坝上至仙桃大桥附近共 8 个典型断面并分析其变化情况	水文（水位、流速和流量），结合 5 个水文站实测数据，预测和验证汉江中下游干流水位、流速和流量变化情况；给出全年各断面水文变化分布图，重点针对汛期和非汛期水文变化趋势说明流域水文变化情况
2018 年	丹江口大坝加高后，南水北调调水量 95 亿 m³；王甫洲、崔家营、兴隆建成正常运行；引江济汉正常运行	全年分析，重点选择 2018 年汛期 6—8 月和非汛期 1—3 月，选取雅口坝上至仙桃大桥附近共 8 个典型断面并分析其变化情况	水文（水位、流速和流量），结合 5 个水文站实测数据，预测和验证汉江中下游干流水位、流速和流量变化情况；给出全年各断面水文变化分布图，重点针对汛期和非汛期说明流域变化情况，分析与 2012 年相比各断面水文变化情况
2020 年	丹江口大坝加高后，2020 年调水量实际运行情况（2019—2020 年南水北调中线工程水量调度年度为每年 11 月 1 日至次年 10 月 31 日，供水 86.22 亿 m³）；王甫洲、崔家营、兴隆 3 个枢纽业已建成并正常运行（按照设计工况）；引江济汉工程正常运行（2019 年向汉江调水 35.87 亿 m³，平均 31 亿 m³，参照执行）	全年分析，重点选择 2018 年、2020 年梯级开发影响情况，汛期和非汛期针对不同断面变化分析，选取雅口坝上至仙桃大桥附近共 8 个典型断面并分析其变化情况	水文（水位、流速和流量），根据南水北调和引江济汉工程实施以来 5 个水文站实测数据，预测和验证汉江中下游干流水位、流速和流量变化情况；给出全年各断面水文变化分布图，重点针对汛期和非汛期说明流域变化情况，分析与 2018 年相比各断面水文变化情况
雅口建成运行后	南水北调一期工程（雅口建成运行后）调水量实际运行情况（约 90 亿 m³）；王甫洲、崔家营、兴隆建成正常运行；引江济汉正常运行；雅口建成运行后	选择 2021—2022 年汛期和非汛期，重点针对雅口坝上、雅口坝下断面并分析其水文变化情况	水文（水位、流速和流量），增加雅口航运枢纽建成运行，调水量增加，其他不变，重点针对汛期和非汛期预测雅口坝上、雅口坝下断面水位、流速和流量变化情况，分析与 2020 年相比的水文变化情况
碾盘山建成运行后	南水北调一期工程（雅口建成运行后）调水量实际运行情况（约 90 亿 m³）；王甫洲、崔家营、兴隆建成正常运行；引江济汉正常运行；雅口建成运行后；碾盘山建成运行后	选择 2023 年非汛期，重点针对碾盘山坝上、碾盘山坝下断面并分析其水文变化情况	水文（水位、流速和流量），增加碾盘山水利水电枢纽建成运行，其他不变，重点针对非汛期预测碾盘山坝上、碾盘山坝下断面水位、流速和流量变化情况，分析与 2020 年相比的水文变化情况

3.1.2　一维水力学基本方程

3.1.2.1　模型原理

描述河网水体流动的基本方程由河道流动的圣维南（Saint-Venant）方程组及河网连接关系两部分组成。

1. 河网水流运动方程组

质量方程：

$$\frac{\partial A}{\partial t} + \frac{\partial Q}{\partial S} = q + \delta Q_c \qquad (3.1\text{-}1)$$

运动方程：

$$\frac{\partial Q}{\partial t} + \frac{\partial (Q^2/A)}{\partial S} = -gA\frac{\partial z}{\partial S} - gA\frac{Q^2}{K^2} \qquad (3.1\text{-}2)$$

式中：A 代表河道过水断面面积；Q 代表断面流量库水量；q 代表均匀旁侧入流；Q_c 代表集中旁侧入流；δ 为狄拉克 δ 函数；z 代表水位水量；K 代表流量模数，由谢才公式计算。

2. 河网汊点连接方程

质量守恒关系：进出每一汊点必须与该汊点蓄水量的增减相平衡，即节点的质量守恒方程为：

$$\frac{\partial \Omega}{\partial t} = A_c \frac{\partial z}{\partial t} = \sum Q_i \qquad (3.1\text{-}3)$$

式中：Ω、z 分别代表汊点的蓄水量与水位；A_c 代表汊点的蓄水面积（汇合区面积）；Q_i 代表通过 I 河道断面进入该汊点的流量。

3. 水位衔接关系

节点一般可概化成一个几何点，出入各汊节点的水位平缓，不存在水位突变情况，则各节点相连汊道的水位应相等，等于该点的平均水位，即

$$z = z_i \qquad (3.1\text{-}4)$$

边界条件：

（1）流量边界条件：$Q_i = Q_i(t)$，直接将流量边界条件代入节点流量方程进行计算。

（2）水位边界条件：$z_i = z_i(t)$，将水位边界条件代入节点水位方程进行计算。

（3）水位-流量曲线：$z_i = F_i(Q_i)$，控制边界的水位通过水位-流量曲线迭代计算确定。

4. 水库的控制方程

对于流域河网水动力模型，水库可概化为一个节点或单元。水库的入流、出流及库水位的变化满足水量平衡方程，即质量守恒定律：

$$\frac{\partial V_r(z)}{\partial t} = q_i(t) - q_o(z) \qquad (3.1-5)$$

式中：$V_r(z)$、$q_i(t)$、$q_o(z)$分别代表库容、入库流量的时间过程、水库泄流量。库容满足水位-库容曲线，泄流量一般根据泄水建筑物及闸门开度由库水位-泄流量曲线确定。当单独考虑水库问题时，式（3.1-5）即水库调洪演算方程。当水库为流域河网的上游节点时，入库流量的时间过程需要根据水文模型或实测资料给定，当水库为流域河网的中游或下游节点时，入库流量需要与河网模型耦合计算。

3.1.2.2 求解方法

圣维南方程组建立的假设为：

（1）水流为一元非恒定流，过水断面的流速为均匀分布，并假设断面上水面是水平的；

（2）流线弯曲小，河床为定床，波动水面是渐变的，其垂直方向的加速度很小，过水断面动水压强分布符合静水压强分布规律；

（3）水流为长波渐变的瞬时流态，局部水头损失可以忽略不计，仅考虑沿程水头损失，边界糙率的影响和紊动能够采用恒定流阻力公式计算；

（4）河床底坡 $i \leqslant 0.1$（底坡线与水平线夹角 $\alpha \leqslant 6°$），渠道纵坡缓，渠底与水平线夹角的余弦值近似等于1。

河道一维非恒定流一般都采用圣维南方程进行描述，自圣维南方程提出以来，其在长期的水力学研究和实践中得到证实和完善，且已在水利工程实践中得到广泛应用[1]。圣维南方程组属于一阶拟线性双曲型偏微分方程组，至今尚无法求得其解析解，因此目前只能采用数值解法和简化方法求其近似解。圣维南方程组的数值解分为两步：第一步，离散化，把微分方程连续的定解域离散到定解域中的一些网格点上，即把偏微分方程转化为一组代数方程；第二步，求解这组代数方程，给出方程解在这些离散点上的近似值。数值模拟的正确性和精确度取决于网格划分、方程离散的插值函数、初边值条件和代数方程组求解这几个环节。圣维南方程进行离散化的方法目前有特征线法、直接差分法和有限元法等。

天然情况下，河道水流有可能出现非恒定流，对于非恒定流问题可用圣维南方程组建立一维数学模型求解。求解一维非恒定水流数学模型可采用特征线法[2]。特征线法又分为特征网格法和矩形网格特征差分法。这一方法是根据偏微分方程的理论，将具有特征线的偏微分方程组变换为与之等价的常微分方程组，然后对该常微分方程组进行数值求解。此法物理概念明确、理论严谨、求解简单，并可求解包括间断涌波在内的各种非恒定流动，它是圣维南方程数值解法的常用方法。但特征线格式需要满足柯朗稳定性条件。此外，它在时间轴和空间轴上都是单向递推求解，难以保证计算精度，在无渠侧入流的情况下首尾渠段流量并不严格守恒，对于空间尺度较大的大型输水渠道，首尾渠段流量误差积累相当可观。

直接差分法是将圣维南方程组的微商直接改为差商，再对得到的代数方程组进行联解。直接差分法求解方便、概念明确，是目前工程界成熟实用的主流算法。直接差分又分为显格式和隐格式两种。显格式根据前一时刻的已知量求解下一时刻的未知量，是逐点分别求解，该格式的计算稳定性条件仍然是柯朗条件，时间步长不能过大。隐格式则需求解一个大型代数方程组，将下一时刻全河段各分段断面上的未知量同时求出，在适当选取权重系数后，隐格式可以无条件稳定。

近年来，由于有限元法的逐渐成熟，它已被用于求解明渠非恒定流问题，对于边界复杂、水面宽阔的二元水流，如河口、海湾的潮汐水力计算，有较大的优越性。但明渠非恒定流大多属于一元流动，采用有限元法求解并无多大优点，故仍以差分法、特征线法为主。

总之，对于渠系里的一元水流问题，特征线法是一种基本解法，直接差分法是目前最常用的数值解法。目前，普遍用于河网计算的分级算法就是基于普莱士曼（Preissmann）隐式差分格式。下面将分别对隐式差分法和有限元法进行讲述。

1. 隐式差分法

隐式差分法通过求解未知时层全渠段各断面上（包括边界断面）未知量的大型差分方程组，同时得到未知时层的所有未知量。隐式差分法中常用的四点偏心格式，也叫普莱士曼（Preissmann）格式，该格式的特点是围绕矩形网格中的 M 点来取因变量的偏导数并进行差商逼近（图 3.1-1）。网格中的 M 点处于距离步长 Δs_i 正中，在时间步长 Δt 上偏向未知时刻 $j+1$，M 点距已知时刻 j 为 $\theta \Delta t$，距未知时刻 $j+1$ 为 $(1-\theta)\Delta t$，其中 θ 为权重系数，$0 \leqslant \theta \leqslant 1$。$\theta$ 取值对求解精度有一定影响，当 $0.5 \leqslant \theta \leqslant 0.6$ 时为弱稳定状态，当 $0.6 \leqslant \theta \leqslant 1$ 时为强稳定状态，通常取 $0.7 \leqslant \theta \leqslant 0.75$。隐式差分格式在适当选定权重系数 θ 后，可达到任意时间步长下的无条件稳定，这为渠道系统运行计算中的步长及计算断面距离步长的选取提供了很大的灵活性[3]。

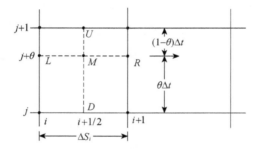

图 3.1-1　隐式差分法 Preissmann 格式计算网络

函数微商的差商逼近公式为：

$$\frac{\partial \varphi}{\partial s}(M) \approx \frac{\varphi_R - \varphi_L}{\Delta s_i} = \frac{\left[\theta \varphi_{i+1}^{j+1} + (1-\theta)\varphi_{i+1}^{j}\right] - \left[\theta \varphi_{i}^{j+1} + (1-\theta)\varphi_{i}^{j}\right]}{\Delta s_i}$$

$$(3.1-6)$$

$$\frac{\partial \varphi}{\partial t}(M) \approx \frac{\varphi_U - \varphi_D}{\Delta t} = \frac{(\varphi_{i}^{j+1} + \varphi_{i+1}^{j+1}) - (\varphi_{i}^{j} - \varphi_{i+1}^{j})}{2\Delta t} \quad (3.1-7)$$

$$\varphi(M) = \frac{1}{2}(\varphi_L + \varphi_R) = \theta\left(\frac{\varphi_{i}^{j+1} + \varphi_{i+1}^{j+1}}{2}\right) + (1-\theta)\left(\frac{\varphi_{i}^{j} + \varphi_{i+1}^{j}}{2}\right) \quad (3.1-8)$$

将上述逼近公式代入圣维南方程组，整理后可得离散方程组：

$$a_{1i}Z_i^{j+1} - c_{1i}Q_i^{j+1} + a_{1i}Z_{i+1}^{j+1} + c_{1i}Q_{i+1}^{j+1} = e_{1i} \qquad (3.1-9)$$

$$a_{2i}Z_i^{j+1} + c_{2i}Q_i^{j+1} - a_{2i}Z_{i+1}^{j+1} + d_{2i}Q_{i+1}^{j+1} = e_{2i} \qquad (3.1-10)$$

式中：$a_{1i} = 1$

$$c_{1i} = 2\theta \frac{\Delta t}{\Delta s_i} \frac{1}{B_M}$$

$$e_{1i} = Z_i^j + Z_{i+1}^j + \frac{1-\theta}{\theta} c_{1i}(Q_i^j - Q_{i+1}^j)$$

$$a_{2i} = 2\theta \frac{\Delta t}{\Delta s_i}(V_M^2 B_M - gA_M)$$

$$c_{2i} = 1 - 4\theta \frac{\Delta t}{\Delta s_i} V_M$$

$$d_{2i} = 1 + 4\theta \frac{\Delta t}{\Delta s_i} V_M$$

$$\begin{aligned}
e_{2i} &= \frac{1-\theta}{\theta} a_{2i}(Z_{i+1}^j - Z_i^j) + \left[1 - 4(1-\theta)\frac{\Delta t}{\Delta s_i}V_M\right]Q_{i+1}^j \\
&\quad + \left[1 + 4(1-\theta)\frac{\Delta t}{\Delta s_i}V_M\right]Q_i^j \\
&\quad + 2\Delta t V_M^2 \frac{A_{i+1}(Z_M) - A_i(Z_M)}{\Delta s_i} \\
&\quad - 2\Delta t \frac{gn^2 Q_M^2 P_M^{\frac{4}{3}}}{AM^{\frac{7}{3}}}
\end{aligned}$$

其中：差分中心水利参数 $\phi_M = \theta\left(\dfrac{\phi_i^{j+1} + \phi_{i+1}^{j+1}}{2}\right) + (1-\theta)\dfrac{\phi_i^j + \phi_{i+1}^j}{2}$（$\phi$ 泛指水位 Z、流量 Q、流速 Z、水面宽度 B、断面面积 A、湿周 P 等）；$A_{i+1}(Z_M)$ 及 $A_i(Z_M)$ 分别表示相应于水位 Z_M 的 A_{i+1}（$i+1$ 处的断面面积）及 A_i（i 处的断面面积）。

式（3.1-9）、式（3.1-10）为在第 i 个矩形网格中建立的两个非线性代数方程式，带有 4 个未知数 Z_i^{j+1}、Z_{i+1}^{j+1}、Q_i^{j+1}、Q_{i+1}^{j+1}。全渠段有 N 个断面，

则有（$N-1$）个网格，未知时层有 $2N$ 个未知量。对于每个网格可建立如式（3.1-9）、式（3.1-10）两个方程式，（$N-1$）个网络共可建立 $2（N-1）$ 个方程式，上下游边界条件可提供 2 个方程式，故一共可有 $2N$ 个方程式。所以可以通过解代数方程组求出未知时层的各未知量。

设上下游边界条件的通用形式为：

上游边界：$a_0 Z_1 + c_0 Q_1 = e_0$

上游边界：$a_N Z_N + c_N Q_N = e_N$

如 c_0、c_N 为零，则给出的边界条件分别为上下游边界断面的水位过程线；如 a_0、a_N 为零，则为上下游边界断面的流量过程线；如 c_0、c_N、a_0、a_N 均不为零，则为上、下游边界断面上的水位-流量关系曲线。

综合上述边界条件和全渠段 $N-1$ 个网络上建立的非线性代数方程式，可得到全渠段上的 $2N$ 个方程式，其中含有 $2N$ 个未知量。方程式的矩阵形式为：

$$
\begin{bmatrix}
a_0 & c_0 & & & & & \\
1 & -c_{11} & 1 & c_{11} & & & \\
a_{21} & c_{21} & -a_2 & d_2 & & & \\
& \cdots & \cdots & \cdots & \cdots & & \\
& \cdots & \cdots & \cdots & \cdots & & \\
& & & 1 & -c_{1,N-1} & 1 & c_{1,N-1} \\
& & & a_{2,N-1} & c_{2,N-1} & -a_{2,N-1} & d_{2,N-1} \\
& & & & & a_N & d_N
\end{bmatrix}
\times
\begin{bmatrix}
Z_1 \\
Q_1 \\
Z_2 \\
\vdots \\
Q_{N-1} \\
Z_N \\
Q_N
\end{bmatrix}
=
\begin{bmatrix}
e_0 \\
e_{11} \\
e_{21} \\
\\
\\
e_{1,N-1} \\
e_{2,N-1} \\
e_N
\end{bmatrix}
$$

$$(3.1-11)$$

式（3.1-11）是一种大型稀疏非线性方程组，通常采用双消去法（或叫追赶法）求解。具体求解过程可参看杨国录教授的《河流数学模型》一书。

2. 有限体积离散与求解

为便于处理复杂流域河网问题，采用有限元的方式进行流域河网描述[4]。将流域划分为河段单元、水库单元、闸堰单元及河汊单元。以单元与单元的相交点为节点，待求解的变量（水位、流量）定义在节点上。

（1）河道求解

以河道为例，如图 3.1-2 所示，分别将连续方程求解域划分为若干个有限单元。设相邻的两个河道单元为 E_i、E_j，E_i 的两个节点分别为 N_m、N_k，E_j 的两个节点分别为 N_k、N_n，N_k 为共有节点。

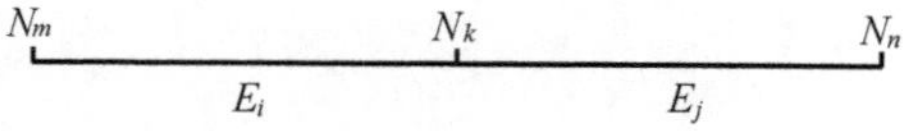

$$N_m \qquad\qquad\qquad N_k \qquad\qquad\qquad N_n$$
$$E_i \qquad\qquad\qquad E_j$$

图 3.1-2　单元划分

将连续方程在 N_k 处按有限体积离散，得单元插值函数为 N_j，则单元节点测压管水头 H 和饱和度 c 可表示为：

$$\frac{\Delta s_k}{\Delta t}(A_k^{n+1} - A_k^{n1}) + (Q_j - Q_i) = 0.5(q_i \Delta s_i + q_j \Delta s_j) + \delta Q_{ci}$$

$$\Delta s_k = 0.5(\Delta s_i + \Delta s_j)$$

$$Q_i = Q_i(Q_m, \ Q_k), \quad Q_j = Q_j(Q_k, \ Q_n) \qquad\qquad (3.1-12)$$

式中：Δt 代表时间步长；Δs_i、Δs_j 代表河段 E_i、E_j 的长度；Q_i、Q_j 代表通过河段 E_i、E_j 的流量，可以利用某种插值格式由节点流量 Q_k、Q_n 计算。如采用中心插值方式，则

$$Q_i = 0.5(Q_m + Q_k), \quad Q_j = 0.5(Q_k + Q_n) \qquad\qquad (3.1-13)$$

将运动方程在 N_k 处按有限体积离散，得

$$\frac{\partial Q}{\partial t} + \frac{\partial(Q^2/A)}{\partial S} = -gA\frac{\partial z}{\partial S} - gA\frac{Q^2}{K^2}$$

$$\Delta s_k(Q_k^{n-1} - Q_k^n) + (uQ)_j - (uQ)_i = fz - \alpha Q_k \qquad\qquad (3.1-14)$$

$$u = Q/A$$

$$fz = -\overline{gA\Delta z/\Delta s} = g\left[\frac{A_j}{\Delta s_j}(z_k - z_m) + \frac{A_i}{\Delta s_i}(z_n - z_k)\right]$$

$$\alpha = \overline{gAQ/K^2} \qquad\qquad (3.1-15)$$

式中：u 代表平均速度；fz 代表由上下游平均比降计算的驱动力；α 代表线性

化后的摩阻系数。动量通量$(uQ)_i$、$(uQ)_j$可采用中心插值格式、迎风格式、Quick 格式、Smart 格式等多种插值格式计算。当采用迎风格式时，

$$\begin{cases} (uQ)_i = uQ_m, & u > 0 \\ (uQ)_i = uQ_n, & u < 0 \end{cases} \quad (3.1\text{-}16)$$

令：

$$Q = (1 - \theta)Q^n + \theta Q^{n+1} \quad (3.1\text{-}17)$$

$$z^{n+1} = (z^{n+1})' + \delta\eta \quad (3.1\text{-}18)$$

$$A^{n+1} = (A^{n+1})' + \delta A = (A^{n+1})' + B\delta\eta \quad (3.1\text{-}19)$$

式中：θ为时间权重系数，$0 \leq \theta \leq 1$；$(z^{n+1})'$、$\delta\eta$分别代表迭代水位与水位修正量；$(A^{n+1})'$、B分别代表迭代面积及河宽。化简后得：

$$a\delta\eta_m + b\delta\eta_k + c\delta\eta_n = d \quad (3.1\text{-}20)$$

其中：$a = -gA\theta\alpha_m \dfrac{\Delta t}{\Delta s_i}$，$c = -gA\theta\alpha_n \dfrac{\Delta t}{\Delta s_j}$，$b = B_k - (a + c)$；

$$d = -\left[\frac{\Delta s_k}{\Delta t}(A_k^{n+1} - A_k^{n1}) + (Q_j - Q_i) \right] \quad (3.1\text{-}21)$$

这样在河道节点处构造出一个关于求解$\delta\eta$的三对角系数矩阵，由于$B_i^n > 0$，因此$|b| > |a| + |c|$，可以保证对角占优，因此可以应用高斯-赛德尔（Gauss-Seidel）迭代或者追赶法求解$\delta\eta$。

在实际应用中，可以采用有限元方法中单元叠加的算法，有利于离散矩阵的构造。类似的，可以建立水库单元及闸堰单元的水位修正方程，所不同的是，水库及闸堰的泄流流量要按照泄流曲线计算，并利用泄流曲线对水位修正量进行隐式线性化，从而增强计算稳定性。

（2）汊点处理

运动方程仍按原方法求解，在求解连续方程时，选取图 3.1-3 所示圈的位置为求解连续方程的控制体，根据连续方程：

$$B\frac{\partial\eta}{\partial t} + \frac{\partial Q}{\partial x} = 0 \quad (3.1\text{-}22)$$

对汊点的控制方程进行离散，得：

$$B\Delta\eta_i = -\Delta t \frac{\sum\limits_{k=1}^{M} Q_k}{\sum\limits_{k=1}^{M} s_k} \quad (3.1\text{-}23)$$

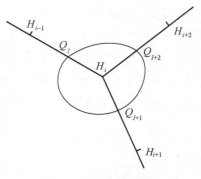

式中：M 为汊点所连接的管道数目；s_k 为控

制体内各管段的长度 $s_k = \frac{1}{2}\Delta x_{I_k}$，$\Delta x_{I_k}$ 为连

图 3.1-3　汊点示意图

接汊点的管段计算单元的长度；Q_k 为各管段

流量，流量以流入汊点的流量为正，流出汊点的流量为负。将离散后的运动
方程带入，得：

$$\sum_{k=1}^{M} a_k \Delta\eta_{i+n} + \sum_{k=1}^{M} b_k \Delta\eta_i = d_k \qquad (3.1\text{-}24)$$

式中：$\Delta\eta_{i+n}$ 为汊点所连接的节点；

$$a_k = -gA\theta \frac{\Delta t}{\sum\limits_{k=1}^{M} s_k} \cdot \frac{\Delta t}{\Delta x_{I_k}}$$

$$b_k = B + gA\theta \frac{\Delta t}{\sum\limits_{k=1}^{M} s_k} \cdot \left(\sum_{k=1}^{M} \frac{\Delta t}{\Delta x_{I_k}} \right)$$

$$d_k = -gA\theta \frac{\Delta t}{\sum\limits_{k=1}^{M} s_k} \cdot \left[(1-\theta) \cdot \sum_{k=1}^{M} Q_k^n + \theta \cdot \sum_{k=1}^{M} Q_k^{n+*} \right] \qquad (3.1\text{-}25)$$

式中：$*$ 为下一计算步骤。

由于带有汊点的一维管网方程半隐式离散后系数矩阵不再是三对角矩阵，
所以不能采用追赶法求解，但存在 $|b_k| > |\sum a_k|$，仍可以保证对角占优，
因此采用 Gauss-Seidel 求解方程依然可以保证收敛。

与单一河道易于求解的带状系数矩阵不同，河网离散方程组的系数矩阵
是稀疏的非带状。提取出河网各河段的首末断面，建立首末断面变量之间的
联系，并与汊点处的连接条件和边界条件联合组成整体矩阵，求解此整体矩

阵，再将所得首末段面变量值作为边界条件，求解各单一的组成河段，最终得到河网中所有断面的变量值。这类方法在我国常被称为分级解法[5]。系数矩阵属于稀疏矩阵，大部分元素都是零元，因此在存储时系数矩阵采用一维紧密式存储，只存储非零元，节省了存储空间，减少零元参与矩阵运算，提高计算效率。这种存储处理方式，在大型模拟计算中优点更加突出。

3.1.3　模型建立

根据研究需要，并结合所掌握的汉江流域沿线水系、水库、地形、水文、分蓄洪、引调水和取排水工程等关键资料，分别建立自余家湖至仙桃的长河段一维数学模型和自兴隆至仙桃的部分河段一维数学模型。

3.1.3.1　长河段一维数学模型（余家湖—仙桃）

模型自余家湖水文站（崔家营枢纽坝下）始，终于仙桃水文站（图3.1-4），全长约330 km，共划分单元575个，节点576个，单元平均长度591 m。因不掌握沿程主要支流汇入和取水工程流量变化，模型只针对汉江干流进行模拟。

该模型范围内包含余家湖、皇庄、沙洋（兴隆）和仙桃4座水文站，涉及崔家营（2010年建成）、雅口（2020年建成）、碾盘山（在建）和兴隆（2014年建成）共4座枢纽。

模型采用575个河道大断面对330 km河道进行概化，每个大断面用80个高程点进行概

图3.1-4　模型范围与单元位置

化，起点距以左岸为0点，自左岸向右岸。沿程大断面概化成果如图3.1-5至图3.1-9所示。

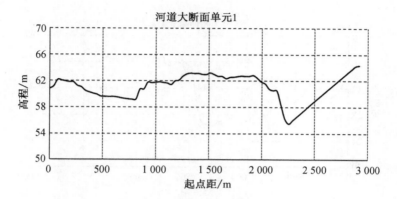

图 3.1-5　模型单元大断面 1

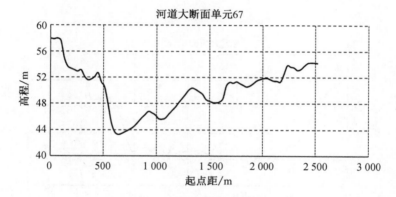

图 3.1-6　模型单元大断面 2

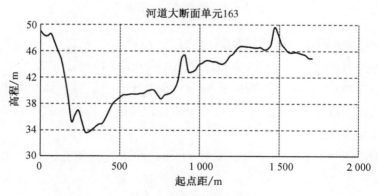

图 3.1-7　模型单元大断面 3

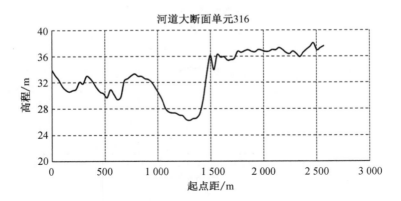

图 3.1-8　模型单元大断面 **4**

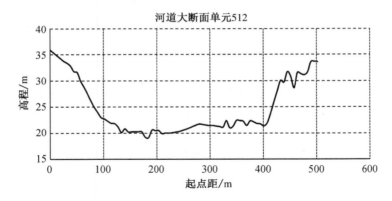

图 3.1-9　模型单元大断面 **5**

3.1.3.2　部分河段一维数学模型（兴隆—仙桃）

模型始自兴隆坝下，终于仙桃水文站，全长约 113 km，共划分单元 2 252 个，节点 2 253 个，单元平均长度 50 m（图 3.1-10）。模型同样因不掌握沿程支流入汇、取水方面的资料，只对干流江段进行了模拟。该模型范围内仅有仙桃 1 处水文站。

模型采用 2 252 个河道大断面对 113 km 河道进行概化，每个大断面用 120 个高程点进行概化，起点距以左岸为 0 点，自左岸向右岸。沿程大断面概化成果如图 3.1-11 至图 3.1-14 所示。

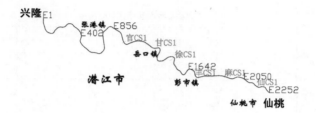

图 3.1-10　模型范围与单元位置

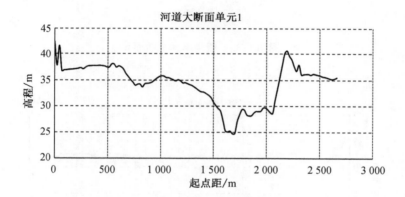

图 3.1-11　模型单元大断面 6

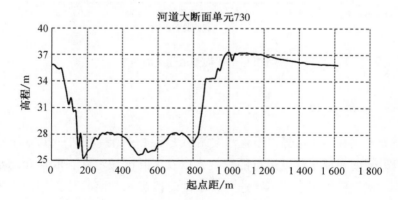

图 3.1-12　模型单元大断面 7

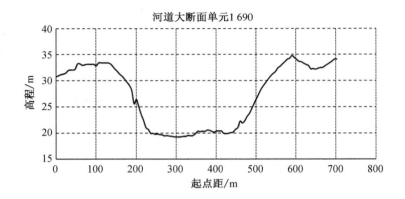

图 3.1-13　模型单元大断面 8

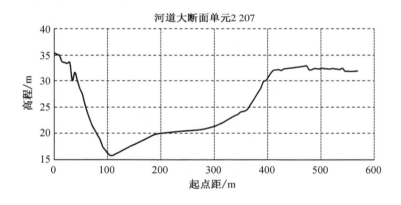

图 3.1-14　模型单元大断面 9

3.1.4　边界条件

模型入流和出流边界以沿程水文站历史实测资料（2010—2020 年）为基础，考虑到期间枢纽建设运行的影响，以及区间流域汇水、取水和调水工程的影响，根据模拟场景的不同选择、不同时段和水文测验数据作为边界进行模拟（图 3.1-15～图 3.1-20）。

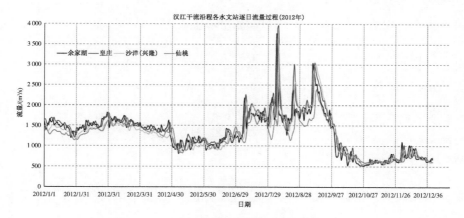

图 3.1-15　2012 年各水文站逐日流量过程

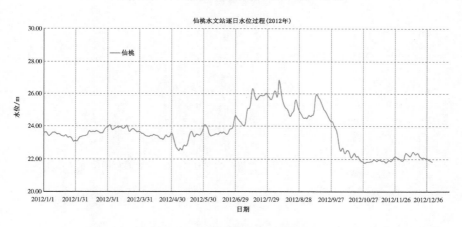

图 3.1-16　2012 年仙桃水文站逐日水位过程

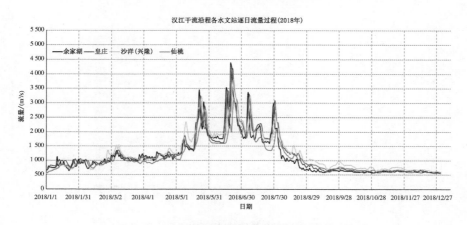

图 3.1-17　2018 年各水文站逐日流量过程

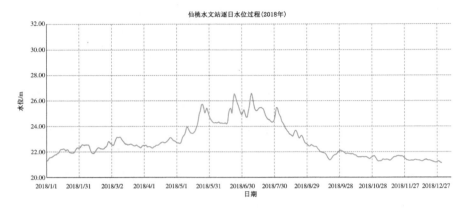

图 3.1-18　2018 年仙桃水文站逐日水位过程

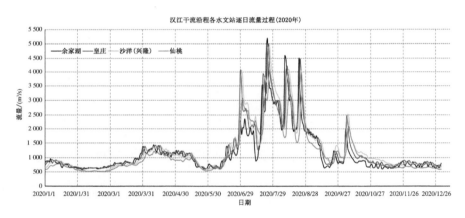

图 3.1-19　2020 年各水文站逐日流量过程

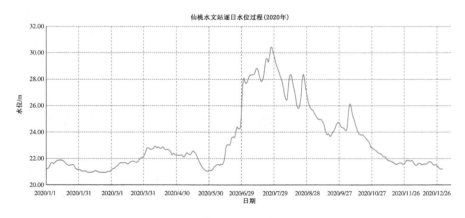

图 3.1-20　2020 年仙桃水文站逐日水位过程

3.1.5 模型验证

3.1.5.1 长河段一维数学模型验证

采用2012年兴隆枢纽建成之前沿程皇庄和沙洋（兴隆）水文站水文测验成果对模型进行验证，包括各水文站流量过程与水位过程的对比（图3.1-21~图3.1-24）。

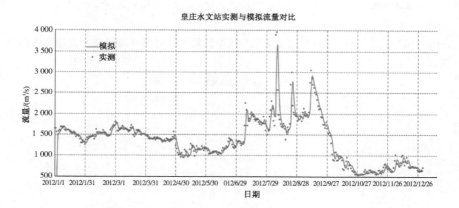

图 3.1-21 皇庄水文站实测与模拟流量过程对比（2012 年，兴隆建坝前）

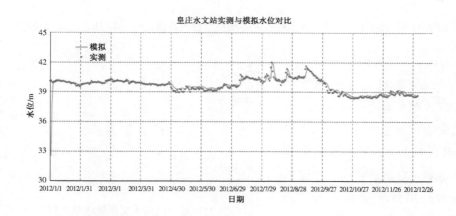

图 3.1-22 皇庄水文站实测与模拟水位过程对比（2012 年，兴隆建坝前）

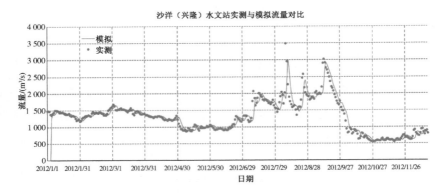

图 3.1-23 沙洋（兴隆）水文站实测与模拟流量过程对比（2012 年，兴隆建坝前）

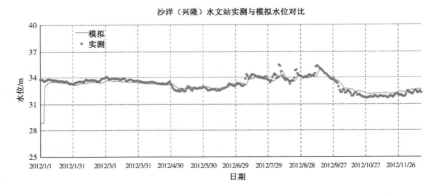

图 3.1-24 沙洋（兴隆）水文站实测与模拟水位过程对比（2012 年，兴隆建坝前）

3.1.5.2 部分河段一维数学模型验证

选取 2021 年 1 月水文测验成果对模型进行验证，该水文测验成果包含 6 个临时水尺（图 3.1-25），对应不同测次流量和相应测验水位。模型以各水尺测验时流量为入流条件，模拟对应位置的水位。6 个临时水尺的验证结果如表 3.1-2 所示。

图 3.1-25 河道水文测验水尺布置

表 3.1-2　各水尺验证结果

序号	水尺名称	测验流量 /（m³/s）	测验水位 /m	模拟水位 /m	差值 /m
1	官 CS1	902	26.33	26.34	0.01
2	甘 CS1	943	25.55	25.57	0.02
3	徐 CS1	878	24.70	24.69	-0.01
4	丰 CS1	886	23.78	23.78	0
5	麻 CS1	847	22.89	22.90	0.01
6	仙 CS1	778	21.88	21.87	-0.01

3.2　对水文情势累积效应研究

结合汉江中下游河段地理位置，选取 8 个典型断面作为水文情势研究对象，如图 3.2-1 所示，分别为雅口坝上、葛藤湾-雅口坝下、磷矿镇-碾盘山

图 3.2-1　典型水文情势预测断面

坝上、钟祥、马良镇、汉江泽口码头、岳口镇和和仙桃大桥附近等，对 2012 年、2018 年、2020 年，以及雅口航运枢纽建成后、碾盘山水利水电枢纽建成后分别进行数值模拟。根据计算结果，从流量、流速和水位等角度分析水文情势累积效应变化规律。

3.2.1 对流量累积效应分析

本次研究选取汉江汛期（6—8 月）流量和非汛期（1—3 月）流量进行分析。

3.2.1.1 各断面流量变化分析

1. 雅口坝上

（1）2012—2020 年全年流量变化分析

① 平均流量变化趋势

图 3.2-2 为 2012 年、2018 年和 2020 年雅口坝上断面全年平均流量变化图。由图可知，雅口坝上断面全年平均流量于 2012—2020 年呈先减小后持平的趋势。表明在 2012—2018 年经过丹江口大坝加高、南水北调中线调水工程等梯级开发，该断面年平均流量有所减小，在 2018—2020 年累积影响下，该断面的流量变化趋势不明显。

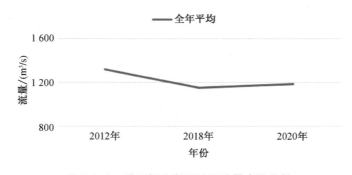

图 3.2-2　雅口坝上断面平均流量变化趋势

② 年极端流量变化趋势

表 3.2-1 为 2012 年、2018 年和 2020 年雅口坝上断面年均 1 d、3 d、7 d、30 d 和 90 d 最大、最小流量变化。由表可知，与 2012 年相比，雅口坝上的年均 1 d 最小流量在 2018 年和 2020 年有所增大，1 d 最大流量在 2018 年和 2020

年明显增大；年均多日最大流量于 2012—2020 年基本持续增大；基流指数于 2012—2018 年增大，于 2018—2020 年减小。以上表明近 10 年间雅口坝上断面的极端流量发生一定改变，总体上该断面年极端流量变大。

表 3.2-1　雅口坝上断面年极端流量

指标	2012 年	2018 年	2020 年
年均 1 d 最小流量	524.27	575.75	596.22
年均 3 d 最小流量	526.37	578.62	233.84
年均 7 d 最小流量	532.61	587.98	388.42
年均 30 d 最小流量	583.69	604.96	578.16
年均 90 d 最小流量	721.30	631.94	805.02
年均 1 d 最大流量	3 535.52	4 222.47	4 996.68
年均 3 d 最大流量	2 999.58	3 821.22	4 449.65
年均 7 d 最大流量	2 577.69	3 359.56	3 818.71
年均 30 d 最大流量	2 070.59	2 510.19	3 144.45
年均 90 d 最大流量	1 884.20	2 150.32	2 221.86
基流指数	0.41	0.51	0.33

注：流量单位为 m³/s。

③ 年极端流量发生时间变化趋势

表 3.2-2 为 2012 年、2018 年和 2020 年雅口坝上断面年最大、最小流量出现时间（即当年第几天出现，下文同）。由表可知，2012—2018 年雅口坝上断面年最小流量出现时间基本一致，年最大流量出现时间提前；2018—2020 年雅口坝上断面年最小流量出现时间提前，年最大流量出现时间推后。以上表明近 10 年间年极端流量发生时间具有一定的波动性。

表 3.2-2　雅口坝上断面年极端流量发生时间

指标	2012 年	2018 年	2020 年
年最小流量出现时间/d	301	302	35
年最大流量出现时间/d	219	171	205

④ 流量改变率及逆转次数变化趋势

表 3.2-3 为 2012 年、2018 年和 2020 年雅口坝上断面流量改变率及逆转次数变化情况。由表可知，与 2012 年相比，雅口坝上的流量上升率在 2012—2018 年有所减小，2018—2020 年基本一致，而流量下降率有所增大，逆转次数于

2012—2020 年持续增大。这表明近 10 年间梯级枢纽工程的开发对雅口坝上断面流量带来一定的影响，流量变化情况加剧。另外，由于生态系统对外界环境变化的承载能力有限，河流生态系统稳定性受到流量改变率及逆转次数的影响。

表 3.2-3　雅口坝上断面流量改变率及逆转次数

指标	2012 年	2018 年	2020 年
上升率/［m³/（s·d）］	172	162	162
下降率/［m³/（s·d）］	188	195	198
逆转次数/次	225	236	242

（2）2012—2022 年汛期和非汛期雅口成库前后流量变化分析

图 3.2-3 为 2012—2022 年雅口坝上断面汛期、非汛期平均流量变化图。其中，2012—2020 年雅口航运枢纽未建成，2021—2022 年雅口航运枢纽已建成运行。由图可知，雅口坝上断面汛期平均流量于 2012—2020 年持续增大，于 2020—2021 年减小；非汛期平均流量于 2012—2020 年持续减小，于 2020—2022 年增大。

雅口成库前，造成这一现象的原因可能与丹江口水库、王甫洲水利枢纽和崔家营航电枢纽同时运行下在汛期蓄水、非汛期下泄有关。雅口成库后，由于该断面地处雅口坝上位置，在雅口枢纽的调节作用下，该断面汛期和非汛期的流量差距变小，汛期流量减小而非汛期流量增大，且汛期流量始终高于非汛期流量。结果表明，雅口坝上断面汛期、非汛期的流量变化在雅口航运枢纽的调节作用下具有明显的改变。

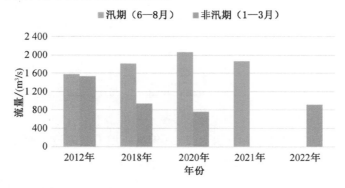

图 3.2-3　雅口坝上断面汛期、非汛期流量变化趋势

（3）2012—2023 年汛期和非汛期碾盘山成库前后流量变化分析

由于雅口坝上断面距离下游碾盘山水利水电枢纽较远，水文情势受碾盘山成库的影响不大，因此碾盘山成库前后雅口坝上断面流量变化在此不作赘述。

2. 葛藤湾-雅口坝下

（1）2012—2020 年全年流量变化分析

① 平均流量变化趋势

图 3.2-4 为 2012 年、2018 年和 2020 年葛藤湾-雅口坝下断面全年平均流量变化图。由图可知，葛藤湾-雅口坝下断面与雅口坝上断面流量分布相似，全年平均流量于 2012—2020 年呈先减小后持平的趋势。表明在 2012—2018 年经过丹江口大坝加高、南水北调中线调水工程等梯级开发后，该断面年平均流量有所减小，在 2018—2020 年累积影响下，该断面的流量变化趋势不明显。

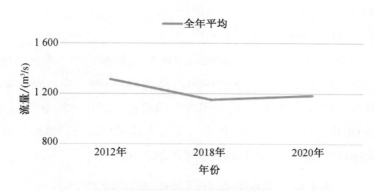

图 3.2-4 葛藤湾-雅口坝下断面平均流量变化趋势

② 年极端流量变化趋势

表 3.2-4 为 2012 年、2018 年和 2020 年葛藤湾-雅口坝下断面年均 1 d、3 d、7 d、30 d 和 90 d 最大、最小流量变化。由表可知，与 2012 年相比，葛藤湾-雅口坝下的年均 1 d 最小、最大流量在 2018 年和 2020 年均有所增大；年均多日最小流量于 2012—2020 年上下浮动，年均多日最大流量于 2012—2020 年持续增大；基流指数于 2012—2018 年增大，于 2018—2020 年减小。以上表明近 10 年间葛藤湾-雅口坝下断面的极端流量发生一定改变。

表 3.2-4　葛藤湾-雅口坝下断面年极端流量

指标	2012 年	2018 年	2020 年
年均 1 d 最小流量	523.84	577.11	598.80
年均 3 d 最小流量	526.39	325.66	231.73
年均 7 d 最小流量	532.62	555.45	387.17
年均 30 d 最小流量	583.67	605.06	577.26
年均 90 d 最小流量	716.71	632.93	803.61
年均 1 d 最大流量	3 499.86	4 176.95	4 859.90
年均 3 d 最大流量	2 972.47	3 823.47	4 412.46
年均 7 d 最大流量	2 561.69	3 345.29	3 804.39
年均 30 d 最大流量	2 070.38	2 508.42	3 143.91
年均 90 d 最大流量	1 883.42	2 149.60	2 220.62
基流指数	0.41	0.48	0.33

注：流量单位为 m^3/s。

③ 年极端流量发生时间变化趋势

表 3.2-5 为 2012 年、2018 年和 2020 年葛藤湾-雅口坝下断面年最大、最小流量出现时间。由表可知，2012—2018 年葛藤湾-雅口坝下断面年最小流量出现时间略有推后，年最大流量出现时间提前；2018—2020 年葛藤湾-雅口坝下断面年最小流量出现时间提前，年最大流量出现时间推后。以上表明近 10 年间年极端流量发生时间具有一定的波动性。

表 3.2-5　葛藤湾-雅口坝下断面年极端流量发生时间

指标	2012 年	2018 年	2020 年
年最小流量出现时间/d	301	304	35
年最大流量出现时间/d	219	172	205

④ 流量改变率及逆转次数变化趋势

表 3.2-6 为 2012 年、2018 年和 2020 年葛藤湾-雅口坝下断面流量改变率及逆转次数变化情况。由表可知，与 2012 年相比，葛藤湾-雅口坝下的流量上升率和下降率在 2018 年和 2020 年略有浮动且基本持平，逆转次数于

2012—2020 年持续增大。这表明近 10 年间梯级枢纽工程的开发对葛藤湾-雅口坝下断面流量改变率影响较小，而对逆转次数影响较大。

表 3.2-6 葛藤湾-雅口坝下断面流量改变率及逆转次数

指标	2012 年	2018 年	2020 年
上升率/ [m³/ (s·d)]	156	160	157
下降率/ [m³/ (s·d)]	205	196	203
逆转次数/次	226	241	250

（2）2012—2022 年汛期和非汛期雅口成库前后流量变化分析

图 3.2-5 为 2012—2022 年葛藤湾-雅口坝下断面汛期、非汛期平均流量变化图。其中，2012—2020 年雅口航运枢纽未建成，2021—2022 年为雅口航运枢纽已建成运行。由图可知，葛藤湾-雅口坝下断面汛期平均流量于 2012—2021 年持续增大；非汛期平均流量于 2012—2020 年持续减小，于 2020—2022 年增大。

雅口成库前，该断面与雅口坝上断面流量变化趋势相似。雅口成库后，由于该断面地处雅口坝下位置，在雅口枢纽的调节作用下该断面汛期和非汛期的流量差距变大，汛期、非汛期流量均有所增大，且汛期流量始终高于非汛期流量。结果表明，葛藤湾-雅口坝下断面汛期、非汛期的流量变化在雅口航运枢纽的调节作用下具有明显的改变。

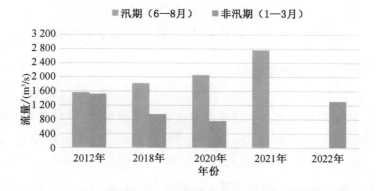

图 3.2-5 葛藤湾-雅口坝下断面汛期、非汛期流量变化趋势

（3）2012—2022 年汛期和非汛期碾盘山成库前后流量变化分析

由于葛藤湾-雅口坝下断面距离下游碾盘山水利水电枢纽较远，水文情势受碾盘山成库的影响不大，因此碾盘山成库前后葛藤湾-雅口坝下断面流量变化在此不作赘述。

3. 磷矿镇-碾盘山坝上

（1）2012—2020 年全年流量变化分析

① 平均流量变化趋势

图 3.2-6 为 2012 年、2018 年和 2020 年磷矿镇-碾盘山坝上断面全年平均流量变化图。由图可知，磷矿镇-碾盘山坝上断面全年平均流量于 2012—2020 年呈先减小后持平的趋势。表明在 2012—2018 年经过丹江口大坝加高、南水北调中线调水工程等梯级开发，该断面年平均流量有所减小，在 2018—2020 年累积影响下，该断面的流量变化趋势不明显。

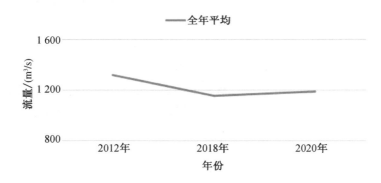

图 3.2-6 磷矿镇-碾盘山坝上断面平均流量变化趋势

② 年极端流量变化趋势

表 3.2-7 为 2012 年、2018 年和 2020 年磷矿镇-碾盘山坝上年均 1 d、3 d、7 d、30 d 和 90 d 最大、最小流量变化。由表可知，与 2012 年相比，磷矿镇-碾盘山坝上的年均 1 d 最小流量在 2018 年和 2020 年有所增大，1 d 最大流量在 2018 年和 2020 年明显增大；年均多日最大流量 2012—2020 年有浮动；基流指数于 2012—2018 年增大，于 2018—2020 年减小。以上表明近 10 年间磷矿镇-碾盘山坝上断面的极端流量发生一定改变，总体上该断面年极端流量变大。

表 3.2-7　磷矿镇-碾盘山坝上断面年极端流量

指标	2012 年	2018 年	2020 年
年均 1 d 最小流量	525.00	576.98	598.55
年均 3 d 最小流量	526.72	325.17	221.80
年均 7 d 最小流量	533.10	513.22	382.45
年均 30 d 最小流量	583.82	599.82	574.55
年均 90 d 最小流量	719.72	626.20	788.48
年均 1 d 最大流量	3 325.23	4 031.30	4 769.33
年均 3 d 最大流量	2 987.00	3 850.61	4 452.97
年均 7 d 最大流量	2 573.20	3 328.43	3 785.49
年均 30 d 最大流量	2 071.24	2 507.35	3 140.90
年均 90 d 最大流量	1 883.14	2 149.35	2 220.07
基流指数	0.41	0.45	0.32

注：流量单位为 m³/s。

③ 年极端流量发生时间变化趋势

表 3.2-8 为 2012 年、2018 年和 2020 年磷矿镇-碾盘山坝上断面年最大、最小流量出现时间。由表可知，2012—2018 年磷矿镇-碾盘山坝上断面年最小流量出现时间基本一致，年最大流量出现时间提前；2018—2020 年磷矿镇-碾盘山坝上断面年最小流量出现时间提前，年最大流量出现时间推后，说明近 10 年间年极端流量发生时间具有一定的波动性。

表 3.2-8　磷矿镇-碾盘山坝上断面年极端流量发生时间

指标	2012 年	2018 年	2020 年
年最小流量出现时间/d	301	304	36
年最大流量出现时间/d	219	173	206

④ 流量改变率及逆转次数变化趋势

表 3.2-9 为 2012 年、2018 年和 2020 年磷矿镇-碾盘山坝上断面流量改变率及逆转次数变化情况。由表可知，与 2012 年相比，磷矿镇-碾盘山坝上的流量上升率在 2012—2018 年有所减小，在 2018—2020 年有所增大；而流量

下降率基本持平；逆转次数于 2012—2020 年持续增大。这表明，近 10 年间梯级枢纽工程的开发对碾盘山坝上断面流量带来一定的影响，流量变化情况加剧。另外，由于生态系统对外界环境变化的承载能力有限，河流生态系统稳定性受到流量改变率及逆转次数的影响。

表 3.2-9　磷矿镇-碾盘山坝上断面流量变化改变率及逆转次数

指标	2012 年	2018 年	2020 年
上升率/［m³/（s·d）］	161	155	162
下降率/［m³/（s·d）］	200	202	199
逆转次数/次	226	232	248

（2）2012—2023 年汛期和非汛期雅口成库前后流量变化分析

图 3.2-7 为 2012—2023 年磷矿镇-碾盘山坝上断面汛期、非汛期平均流量变化图。其中，2012—2020 年雅口航运枢纽、碾盘山水利水电枢纽均未建成，2022 年为雅口航运枢纽完成蓄水，2023 年为碾盘山水利水电枢纽完成蓄水。由图可知，磷矿镇-碾盘山坝上断面汛期平均流量于 2012—2021 年持续增大；非汛期平均流量于 2012—2020 年持续减小，于 2020—2022 年有所增大，又于 2022—2023 年有所减小。

图 3.2-7　磷矿镇-碾盘山坝上断面汛期、非汛期流量变化趋势

雅口成库前，造成这一现象的原因可能与丹江口水库、王甫洲水利枢纽和崔家营航电枢纽同时运行下在汛期蓄水、非汛期下泄有关。雅口成库后，该断面非汛期流量有所增大，这主要与气候变化有关。

由于磷矿镇-碾盘山坝上断面距离上游雅口航运枢纽较远，水文情势受雅口成库的影响不大，因此雅口航运枢纽的建成不是该断面流量变化的主要原因。

（3）2012—2023年汛期和非汛期碾盘山成库前后流量变化分析

碾盘山成库前，造成这一现象的原因可能与丹江口水库、王甫洲水利枢纽和崔家营航电枢纽同时运行下在汛期蓄水、非汛期下泄有关。碾盘山成库后，由于该断面地处碾盘山坝上位置，在碾盘山水利枢纽的调节作用下，该断面非汛期流量进一步减小。

4. 钟祥

（1）2012—2020年全年流量变化分析

① 平均流量变化趋势

图3.2-8为2012年、2018年和2020年钟祥断面全年平均流量变化图。由图可知，钟祥断面全年平均流量于2012—2020年呈先减小后持平的趋势。表明在2012—2018年经过丹江口大坝加高、南水北调中线调水工程等梯级开发后，该断面年平均流量有所减小，在2018—2020年累积影响下，该断面的流量变化趋势不明显。

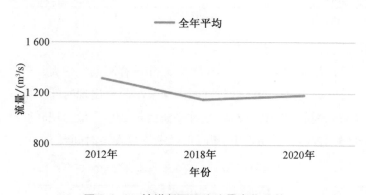

图 3.2-8　钟祥断面平均流量变化趋势

② 年极端流量变化趋势

表3.2-10为2012年、2018年和2020年钟祥断面年均1 d、3 d、7 d、30 d和90 d最大、最小流量变化。由表可知，与2012年相比，钟祥的年均1 d最小流量在2018年和2020年有所增大，1 d最大流量在2018年和2020

年明显增大；年均多日最大流量于 2012—2020 年基本持续增大；基流指数于 2012—2018 年增大，于 2018—2020 年减小。以上表明近 10 年间钟祥断面的极端流量发生一定改变，总体上该断面年极端流量变大。

表 3.2-10　钟祥断面年极端流量

指标	2012 年	2018 年	2020 年
年均 1 d 最小流量	525.30	577.51	599.21
年均 3 d 最小流量	527.29	324.25	222.01
年均 7 d 最小流量	533.00	555.33	381.77
年均 30 d 最小流量	584.21	605.36	574.34
年均 90 d 最小流量	739.09	633.62	797.12
年均 1 d 最大流量	3 281.66	4 066.70	4 811.10
年均 3 d 最大流量	3 059.69	3 838.57	4 446.07
年均 7 d 最大流量	2 573.93	3 330.34	3 786.40
年均 30 d 最大流量	2 070.59	2 508.06	3 138.58
年均 90 d 最大流量	1 883.59	2 149.60	2 220.58
基流指数	0.40	0.48	0.32

注：流量单位为 m³/s。

③ 年极端流量发生时间变化趋势

表 3.2-11 为 2012 年、2018 年和 2020 年钟祥断面年最大、最小流量出现时间。由表可知，2012—2018 年钟祥断面年最小流量出现时间基本一致，年最大流量出现时间提前；2018—2020 年钟祥断面年最小流量出现时间提前，年最大流量出现时间推后，说明近 10 年间年极端流量发生时间具有一定的波动性。

表 3.2-11　钟祥断面年极端流量发生时间

指标	2012 年	2018 年	2020 年
年最小流量出现时间/d	303	304	37
年最大流量出现时间/d	221	173	207

④ 流量改变率及逆转次数变化趋势

表 3.2-12 为 2012 年、2018 年和 2020 年钟祥断面流量变化改变率及逆转

次数变化情况。由表可知，与 2012 年相比，钟祥的流量上升率在 2018 年和 2020 年有所减小，而流量下降率有所增大；逆转次数于 2012—2020 年持续增大。以上表明近 10 年间梯级枢纽工程的开发对钟祥断面流量带来一定的影响，流量变化情况加剧。另外，由于生态系统对外界环境变化的承载能力有限，河流生态系统稳定性受到流量改变率及逆转次数的影响。

表 3.2-12　钟祥断面流量改变率及逆转次数

指标	2012 年	2018 年	2020 年
上升率/[m³/(s·d)]	167	161	157
下降率/[m³/(s·d)]	194	198	204
逆转次数/次	226	247	251

（2）2012—2023 年汛期和非汛期雅口成库前后流量变化分析

图 3.2-9 为 2012—2023 年钟祥断面汛期、非汛期平均流量变化图。其中，2012—2020 年雅口航运枢纽未建成，2021—2023 年为雅口航运枢纽已建成运行。由图可知，钟祥断面汛期平均流量于 2012—2021 年持续增大；非汛期平均流量于 2012—2020 年持续减小，于 2020—2022 年有所增大，又于 2022—2023 年有所减小。

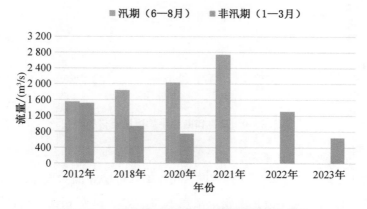

图 3.2-9　钟祥断面汛期、非汛期流量变化趋势

雅口成库前，造成这一现象的原因可能与丹江口水库、王甫洲水利枢纽和崔家营航电枢纽同时运行下在汛期蓄水、非汛期下泄有关。雅口成库后，该断面非汛期流量有所增大，这主要与气候变化有关。

由于钟祥断面距离上游雅口航运枢纽较远，水文情势受雅口成库的影响不大，因此雅口航运枢纽的建成不是该断面流量变化的主要原因。

（3）2012—2023 年汛期和非汛期碾盘山成库前后流量变化分析

碾盘山成库前后，该断面与碾盘山坝上断面流量变化趋势相似，表明钟祥断面的流量变化在碾盘山水利枢纽的调节作用下的改变不明显。

5. 马良镇

（1）2012—2020 年全年流量变化分析

① 平均流量变化趋势

图 3.2-10 为 2012 年、2018 年和 2020 年马良镇断面全年平均流量变化图。由图可知，马良镇断面全年平均流量于 2012—2020 年呈先减小后持平的趋势。表明在 2012—2018 年经过丹江口大坝加高、南水北调中线调水工程等梯级开发后，该断面年平均流量有所减小，在 2018—2020 年累积影响下，该断面的流量变化趋势不明显。

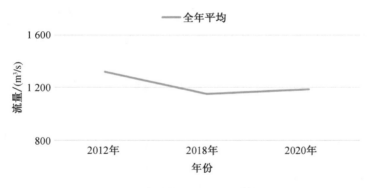

图 3.2-10　马良镇断面平均流量变化趋势

② 年极端流量变化趋势

表 3.2-13 为 2012 年、2018 年和 2020 年马良镇断面年均 1 d、3 d、7 d、30 d 和 90 d 最大、最小流量变化。由表可知，与 2012 年相比，马良镇的年均 1 d 最小流量在 2018 年有所减小，于 2020 年有所增大，1 d 最大流量在 2018 年和 2020 年明显增大；年均多日最大流量于 2012—2020 年有所浮动；基流指数于 2012—2018 年增大，于 2018—2020 年减小。以上表明近 10 年间马良镇断面的极端流量发生一定改变。

表 3.2-13　马良镇断面年极端流量

指标	2012 年	2018 年	2020 年
年均 1 d 最小流量	526.57	323.35	601.89
年均 3 d 最小流量	527.99	319.06	222.73
年均 7 d 最小流量	533.53	553.22	379.57
年均 30 d 最小流量	584.13	605.38	573.82
年均 90 d 最小流量	735.87	634.10	792.41
年均 1 d 最大流量	3 331.50	4 042.33	4 743.32
年均 3 d 最大流量	3 050.07	3 757.67	4 330.67
年均 7 d 最大流量	2 552.77	3 342.02	3 800.24
年均 30 d 最大流量	2 068.91	2 509.48	3 141.92
年均 90 d 最大流量	1 883.66	2 150.12	2 221.36
基流指数	0.40	0.48	0.32

注：流量单位为 m^3/s。

③ 年极端流量发生时间变化趋势

表 3.2-14 为 2012 年、2018 年和 2020 年马良镇断面年最大、最小流量出现时间。由表可知，2012—2018 年马良镇断面年最小流量、年最大流量出现时间提前；2018—2020 年马良镇断面年最小流量、年最大流量出现时间推后。以上说明近 10 年间年极端流量发生时间具有一定的波动性。

表 3.2-14　马良镇断面年极端流量发生时间

指标	2012 年	2018 年	2020 年
年最小流量出现时间/d	303	5	38
年最大流量出现时间/d	221	173	207

④ 流量改变率及逆转次数变化趋势

表 3.2-15 为 2012 年、2018 年和 2020 年马良镇断面流量改变率及逆转次数变化情况。由表可知，与 2012 年相比，马良镇的流量上升率在 2018 年有

所减小，于 2020 年有所回升；而流量下降率在 2018 年均有所增大；逆转次数于 2012—2020 年持续增大。这表明近 10 年间梯级枢纽工程的开发对马良镇断面流量带来一定的影响，流量变化情况加剧。另外，由于生态系统对外界环境变化的承载能力有限，河流生态系统稳定性受到流量改变率及逆转次数的影响。

表 3.2-15　马良镇断面流量改变率及逆转次数

指标	2012 年	2018 年	2020 年
上升率/［m³/（s·d）］	161	153	158
下降率/［m³/（s·d）］	200	204	203
逆转次数/次	240	259	260

（2）2012—2023 年汛期和非汛期雅口成库前后流量变化分析

图 3.2-11 为 2012—2022 年马良镇断面汛期、非汛期平均流量变化图。其中，2012—2020 年雅口航运枢纽未建成，2021—2023 年为雅口航运枢纽已建成运行。由图可知，马良镇断面汛期平均流量于 2012—2021 年持续增大；非汛期平均流量于 2012—2020 年持续减小，于 2021—2022 年有所增大，又于 2022—2023 年有所减小。

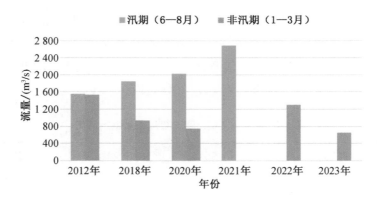

图 3.2-11　马良镇断面汛期、非汛期流量变化趋势

雅口成库前，造成这一现象的原因可能与丹江口水库、王甫洲水利枢纽和崔家营航电枢纽同时运行下在汛期蓄水、非汛期下泄有关。雅口成库后，该断面非汛期流量有所增大，这主要与气候变化有关。

由于马良镇断面距离上游雅口航运枢纽较远，水文情势受雅口成库的影响不大，因此雅口航运枢纽的建成不是该断面流量变化的主要原因。

（3）2012—2023年汛期和非汛期碾盘山成库前后流量变化分析

碾盘山成库后，该断面流量有所减小。由于马良镇断面距离上游碾盘山水利水电枢纽较远，水文情势受碾盘山成库的影响不大，因此碾盘山水利枢纽的建成不是该断面流量变化的主要原因。

6. 汉江泽口码头

（1）2012—2020年全年流量变化分析

① 平均流量变化趋势

图3.2-12为2012年、2018年和2020年汉江泽口码头断面全年平均流量变化图。由图可知，汉江泽口码头断面全年平均流量于2012—2020年呈先减小后持平的趋势。表明在2012—2018年经过丹江口大坝加高、南水北调中线调水工程等梯级开发后，该断面年平均流量有所减小，在2018—2020年累积影响下，该断面的流量变化趋势不明显。

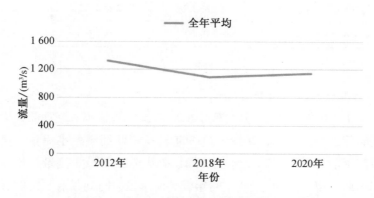

图3.2-12 汉江泽口码头断面平均流量变化趋势

② 年极端流量变化趋势

表3.2-16为2012年、2018年和2020年汉江泽口码头断面年均1 d、3 d、7 d、30 d和90 d最大、最小流量变化。由表可知，与2012年相比，汉江泽口码头的年均1 d最小流量在2018年有所减小，于2020年有所增大，1 d最大流量在2018年和2020年明显增大；年均多日最大流量于2012—2020

年有所浮动；基流指数于 2012—2018 年增大，于 2018—2020 年减小。表明近 10 年间汉江泽口码头断面的极端流量发生一定改变。

表 3.2-16　汉江泽口码头断面年极端流量

指标	2012 年	2018 年	2020 年
年均 1 d 最小流量	526.57	323.35	601.89
年均 3 d 最小流量	527.99	319.06	222.73
年均 7 d 最小流量	533.53	553.22	379.57
年均 30 d 最小流量	584.13	605.38	573.82
年均 90 d 最小流量	735.87	634.10	792.41
年均 1 d 最大流量	3 331.50	4 042.33	4 743.32
年均 3 d 最大流量	3 050.07	3 757.67	4 330.67
年均 7 d 最大流量	2 552.77	3 342.02	3 800.24
年均 30 d 最大流量	2 068.91	2 509.48	3 141.92
年均 90 d 最大流量	1 883.66	2 150.12	2 221.36
基流指数	0.40	0.48	0.32

注：流量单位为 m^3/s。

③ 年极端流量发生时间变化趋势

表 3.2-17 为 2012 年、2018 年和 2020 年汉江泽口码头断面年最大、最小流量出现时间。由表可知，2012—2018 年马良镇断面年最小流量、年最大流量出现时间提前；2018—2020 年汉江泽口码头断面年最小流量、年最大流量出现时间推后。以上表明近 10 年间年极端流量发生时间具有一定的波动性。

表 3.2-17　年极端流量发生时间

指标	2012 年	2018 年	2020 年
年最小流量出现时间/d	303	5	38
年最大流量出现时间/d	221	173	207

④ 流量改变率及逆转次数变化趋势

表 3.2-18 为 2012 年、2018 年和 2020 年汉江泽口码头断面流量改变率及逆转次数变化情况。由表可知，与 2012 年相比，汉江泽口码头的流量上升率在 2018 年、2020 年有所减小；而流量下降率在 2018 年和 2020 年均有所增大；逆转次数于 2012—2020 年持续增大。这表明近 10 年间梯级枢纽工程的开发对汉江泽口码头断面流量带来一定的影响，流量变化情况加剧。另外，由于生态系统对外界环境变化的承载能力有限，河流生态系统稳定性受到流量改变率及逆转次数的影响。

表 3.2-18　汉江泽口码头断面流量改变率及逆转次数

指标	2012 年	2018 年	2020 年
上升率/ [m³/ (s·d)]	154	146	141
下降率/ [m³/ (s·d)]	203	211	216
逆转次数/次	255	312	317

（2）2012—2020 年汛期和非汛期雅口成库前后流量变化分析

图 3.2-13 为 2012—2020 年汉江泽口码头断面汛期、非汛期平均流量变化图。由图可知，汉江泽口码头断面汛期平均流量于 2012—2020 年持续增大，非汛期平均流量于 2012—2020 年持续减小。

图 3.2-13　汉江泽口码头断面汛期、非汛期流量变化趋势

雅口成库前，造成这一现象的原因可能与丹江口水库、王甫洲水利枢纽和崔家营航电枢纽同时运行下在汛期蓄水、非汛期下泄有关。

由于汉江泽口码头断面距离上游雅口航运枢纽较远，水文情势受雅口成库的影响不大，因此雅口成库后该断面的流量变化在此不作赘述。

（3）2012—2023 年汛期和非汛期碾盘山成库前后流量变化分析

由于汉江泽口码头断面距离上游碾盘山水利水电枢纽较远，水文情势受碾盘山成库的影响不大，因此碾盘山成库后该断面的流量变化在此不作赘述。

7. 岳口镇

（1）2012—2020 年全年流量变化分析

① 平均流量变化趋势

图 3.2-14 为 2012 年、2018 年和 2020 年岳口镇断面全年平均流量变化图。由图可知，岳口镇断面全年平均流量于 2012—2020 年呈先减小后持平的趋势。表明在 2012—2018 年经过丹江口大坝加高、南水北调中线调水工程等梯级开发，该断面年平均流量有所减小，在 2018—2020 年累积影响下，该断面的流量变化趋势不明显。

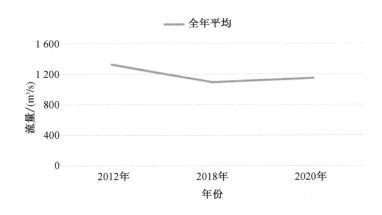

图 3.2-14　岳口镇断面平均流量变化趋势

② 年极端流量变化趋势

表 3.2-19 为 2012 年、2018 年和 2020 年岳口镇断面年均 1 d、3 d、7 d、30 d 和 90 d 最大、最小流量变化。由表可知，2012—2018 年，岳口镇的年均 1 d 最小流量明显减小，于 2018—2020 年有所增大，1 d 最大流量在 2012—2018 年有所减小，于 2018—2020 年有所增大；年均多日最小流量于 2012—

2020 年有所浮动，年均多日最大流量于 2018—2020 年有所增大；基流指数于 2012—2018 年增大，于 2018—2020 年减小。表明近 10 年间岳口镇断面的极端流量发生一定改变，总体上该断面年极端流量变大。

表 3.2-19　岳口镇断面年极端流量

指标	2012 年	2018 年	2020 年
年均 1 d 最小流量	530.78	352.79	417.71
年均 3 d 最小流量	531.91	298.14	172.09
年均 7 d 最小流量	536.85	499.53	296.05
年均 30 d 最小流量	585.63	589.93	476.99
年均 90 d 最小流量	752.93	653.16	684.23
年均 1 d 最大流量	2 884.78	2 837.97	3 725.37
年均 3 d 最大流量	3 071.99	2 800.18	3 688.37
年均 7 d 最大流量	2 524.34	2 618.08	3 501.46
年均 30 d 最大流量	2 063.54	2 160.03	2 736.09
年均 90 d 最大流量	1 882.48	1 872.96	2 154.62
基流指数	0.41	0.46	0.26

注：流量单位为 m^3/s。

③ 年极端流量发生时间变化趋势

表 3.2-20 为 2012 年、2018 年和 2020 年岳口镇断面年最大、最小流量出现时间。由表可知，2012—2018 年岳口镇断面年最小流量、年最大流量出现时间提前；2018—2020 年岳口镇断面年最小流量出现时间不变，年最大流量出现时间均有所推后。以上表明近 10 年间年极端流量发生时间具有一定的波动性。

表 3.2-20　岳口镇断面年极端流量发生时间

指标	2012 年	2018 年	2020 年
年最小流量出现时间/d	305	9	9
年最大流量出现时间/d	222	178	212

④ 流量改变率及逆转次数变化趋势

表 3.2-21 为 2012 年、2018 年和 2020 年岳口镇断面流量改变率及逆转次数变化情况。由表可知,与 2012 年相比,岳口镇断面的流量上升率在 2018 年、2020 年有所减小;而流量下降率在 2018 年和 2020 年均有所增大;逆转次数于 2012—2020 年持续增大。这表明近 10 年间梯级枢纽工程的开发对岳口镇断面流量带来一定的影响,流量变化情况加剧。另外,由于生态系统对外界环境变化的承载能力有限,河流生态系统稳定性受到流量的改变率及逆转次数的影响。

表 3.2-21　岳口镇断面流量改变率及逆转次数

指标	2012 年	2018 年	2020 年
上升率/［m³/（s·d）］	157	150	144
下降率/［m³/（s·d）］	200	207	212
逆转次数/次	259	313	316

（2）2012—2020 年汛期和非汛期雅口成库前后流量变化分析

图 3.2-15 为 2012—2020 年岳口镇断面汛期、非汛期平均流量变化图。由图可知,岳口镇断面汛期平均流量于 2012—2020 年持续增大,非汛期平均流量于 2012—2020 年持续减小。

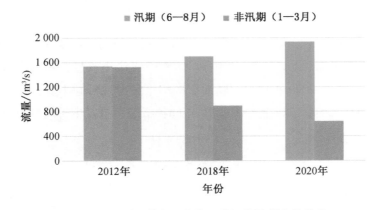

图 3.2-15　岳口镇断面汛期、非汛期流量变化趋势

雅口成库前，造成这一现象的原因可能与丹江口水库、王甫洲水利枢纽和崔家营航电枢纽同时运行下在汛期蓄水、非汛期下泄有关。

由于岳口镇断面距离上游雅口航运枢纽较远，水文情势受雅口成库的影响不大，因此雅口成库后该断面的流量变化在此不作赘述。

（3）2012—2023 年汛期和非汛期碾盘山成库前后流量变化分析

由于岳口镇断面距离上游碾盘山水利水电枢纽较远，水文情势受碾盘山成库的影响不大，因此碾盘山成库后该断面的流量变化在此不作赘述。

8. 仙桃大桥附近

（1）2012—2020 年全年流量变化分析

① 平均流量变化趋势

图 3.2-16 为 2012 年、2018 年和 2020 年仙桃大桥附近断面全年平均流量变化图。由图可知，仙桃大桥附近断面全年平均流量于 2012—2020 年呈先减小后持平的趋势。表明在 2012—2018 年经过丹江口大坝加高、南水北调中线调水工程等梯级开发后，该断面年平均流量有所减小，在 2018—2020 年累积影响下，该断面的流量变化趋势不明显。

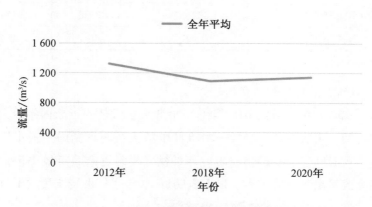

图 3.2-16　仙桃大桥附近断面平均流量变化趋势

② 年极端流量变化趋势

表 3.2-22 为 2012 年、2018 年和 2020 年仙桃大桥附近断面年均 1 d、3 d、7 d、30 d 和 90 d 最大、最小流量变化。由表可知，2012—2018 年，仙桃大桥附近断面的年均 1 d 最小流量有所减少，在 2018—2020 年有所增大，

1 d 最大流量在 2012—2018 年有所减小，于 2018—2020 年明显增大；年均多日最大流量于 2012—2020 年有所浮动；基流指数于 2012—2018 年增大，于 2018—2020 年减小。以上表明近 10 年间仙桃大桥附近断面的极端流量发生一定改变，总体上该断面年极端流量变大。

表 3.2-22　仙桃大桥附近断面年极端流量

指标	2012 年	2018 年	2020 年
年均 1 d 最小流量	530.45	395.47	478.94
年均 3 d 最小流量	531.82	294.63	172.13
年均 7 d 最小流量	537.25	496.27	296.26
年均 30 d 最小流量	585.88	591.45	477.06
年均 90 d 最小流量	757.98	654.17	675.56
年均 1 d 最大流量	2 861.88	2 855.45	3 789.70
年均 3 d 最大流量	3 076.65	2 812.85	3 746.29
年均 7 d 最大流量	2 522.49	2 631.02	3 547.33
年均 30 d 最大流量	2 062.62	2 159.18	2 751.65
年均 90 d 最大流量	1 882.57	1 872.38	2 151.94
基流指数	0.41	0.46	0.26

注：流量单位为 m³/s。

③ 年极端流量发生时间变化趋势

表 3.2-23 为 2012 年、2018 年和 2020 年仙桃大桥附近断面年最大、最小流量出现时间。由表可知，2012—2018 年仙桃大桥附近断面年最小流量、年最大流量出现时间提前；2018—2020 年仙桃大桥附近断面年最小流量时间不变，年最大流量出现时间推后。以上表明近 10 年间年极端流量发生时间具有一定的波动性。

表 3.2-23　仙桃大桥附近断面年极端流量发生时间

指标	2012 年	2018 年	2020 年
年最小流量出现时间/d	306	9	9
年最大流量出现时间/d	223	177	211

④ 流量改变率及逆转次数变化趋势

表 3.2-24 为 2012 年、2018 年和 2020 年仙桃大桥附近断面流量改变率及逆转次数变化情况。由表可知，仙桃大桥附近断面的流量上升率在 2012—2018 年明显增大，于 2018—2020 年有所减小；而流量下降率在 2012—2018 年有所减小，于 2018—2020 年回升至 2012 年水平；逆转次数于 2012—2018 年有所减小，2018—2020 年有所增大。这表明近 10 年间梯级枢纽工程的开发对仙桃大桥附近断面流量带来一定的影响，流量变化情况减缓。另外，由于生态系统对外界环境变化的承载能力有限，河流生态系统稳定性受到流量改变率及逆转次数的影响。

表 3.2-24　仙桃大桥附近断面流量改变率及逆转次数

指标	2012 年	2018 年	2020 年
上升率/ [m³/ (s·d)]	144	155	145
下降率/ [m³/ (s·d)]	212	202	212
逆转次数/次	316	263	309

（2）2012—2020 年汛期和非汛期雅口成库前后流量变化分析

图 3.2-17 为 2012—2020 年仙桃大桥附近断面汛期、非汛期平均流量变化图。由图可知，仙桃大桥附近断面汛期平均流量于 2012—2020 年持续增大，非汛期平均流量于 2012—2020 年持续减小。

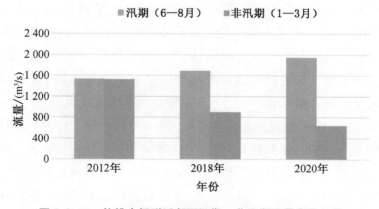

图 3.2-17　仙桃大桥附近断面汛期、非汛期流量变化趋势

雅口成库前，造成这一现象的原因可能与丹江口水库、王甫洲水利枢纽和崔家营航电枢纽同时运行下在汛期蓄水、非汛期下泄有关。

由于仙桃大桥附近断面距离上游雅口航运枢纽较远，水文情势受雅口成库的影响不大，因此雅口成库后该断面的流量变化在此不作赘述。

（3）2012—2023 年汛期和非汛期碾盘山成库前后流量变化分析

由于仙桃大桥附近断面距离上游碾盘山水利枢纽较远，水文情势受碾盘山成库的影响不大，因此碾盘山成库后该断面的流量变化在此不作赘述。

3.2.1.2 小结

水利枢纽工程的建设，将影响汉江中下游干流水动力特性。以 2012 年、2018 年、2020 年的雅口航运枢纽完成蓄水和碾盘山水利水电枢纽完成蓄水等多种不同情景作为对比，采用一维水动力模型对汉江中下游代表性断面的流量变化进行模拟。

结果显示，梯级开发对各河段流量存在一定影响：

2012—2018 年，在丹江口水库、王甫洲水利枢纽和崔家营航电枢纽同时运行的基础上，经过南水北调中线工程调水（调水量约 95 亿 m^3/a），以及丹江口大坝加高、兴隆水利枢纽兴建等工程的实施，汉江中下游各断面年平均流量均有所减小，减小幅度为 12.5%～17.7%。

2018—2020 年，丹江口、王甫洲、崔家营、兴隆四个水利枢纽业已建成并正常运行，在此期间南水北调中线工程进一步调水（调水量约 86.22 亿 m^3/a），引江济汉工程正常运行（调水量约 35.87 亿 m^3）。与 2018 年相比，2020 年各断面流量变化趋势相似，全年平均流量基本持平略有增大，增大幅度在 2.9%～5.0%，同年汛期流量增大而非汛期流量减小，年极端最小流量、最大流量均有所增加，年最小流量出现时间基本一致，年最大流量出现时间提前，流量上升率增大而下降率减小。

2022 年初，雅口航运枢纽完成蓄水，南水北调中线工程进一步调水（调水量约 90 亿 m^3/a），受其影响，雅口坝上断面汛期平均流量减小，减小幅度 9.4%，非汛期平均流量增大，增大幅度 21.0%，该断面汛期和非汛期的流量差距变小，达 945.08 m^3/s。而葛藤湾-雅口坝下断面汛期与非汛期平均流量均有所增大，增大幅度分别为 34.3% 和 74.4%，表明在雅口枢纽的调节作用下，汛期和非汛期的流量浮动与雅口成库息息相关，其坝上、坝下断面流量均发生变化，其中坝下断面在 1—3 月非汛期时段流量过程受到的影响更大。

2023 年初，碾盘山水利水电枢纽完成一期蓄水，南水北调中线工程进一步调水（调水量约 90 亿 m^3/a），受其影响，磷矿镇-碾盘山坝上断面非汛期流量有所减小，减小幅度 13.9%；钟祥断面非汛期流量有所减小，减小幅度 13.4%。由于目前碾盘山水利水电枢纽建成时间较短，流量变化规律代表性不足，后期将进一步研究。

综上所述，汉江中下游河道年流量具有一定的规律，水利枢纽工程起到整体上汛期蓄水、非汛期下泄的作用，加剧了流量变化的次数，调节了年极端流量发生的时间。

3.2.2　对流速累积效应分析

本次研究选取汉江汛期（6—8 月）流速和非汛期（1—3 月）流速进行的分析。

3.2.2.1　2012 年梯级开发各断面流速计算结果

各主要断面流速变化过程如下。

（1）雅口坝上

雅口坝上断面全年平均流速 0.48 m/s，其中汛期平均流速为 0.50 m/s，非汛期平均流速为 0.50 m/s（图 3.2-18）。

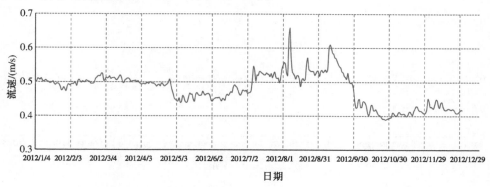

图 3.2-18　2012 年雅口坝上断面流速变化曲线

（2）葛藤湾-雅口坝下

葛藤湾-雅口坝下断面全年平均流速 0.69 m/s，其中汛期平均流速为 0.73 m/s，非汛期平均流速为 0.73 m/s（图 3.2-19）。

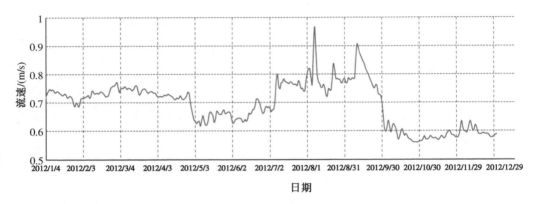

图 3.2-19　2012 年葛藤湾-雅口坝下断面流速变化曲线

（3）磷矿镇-碾盘山坝上

磷矿镇-碾盘山坝上断面全年平均流速 0.66 m/s，其中汛期平均流速为 0.70 m/s，非汛期平均流速为 0.70 m/s（图 3.2-20）。

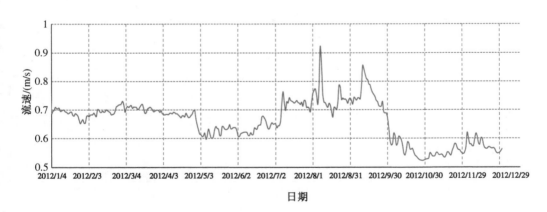

图 3.2-20　2012 年磷矿镇-碾盘山坝上断面流速变化曲线

（4）钟祥

钟祥断面全年平均流速 0.65 m/s，其中汛期平均流速为 0.70 m/s，非汛期平均流速为 0.70 m/s（图 3.2-21）。

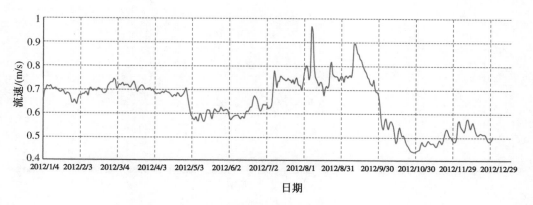

图 3.2-21　**2012 年钟祥断面流速变化曲线**

（5）马良镇

马良镇断面全年平均流速 0.61 m/s，其中汛期平均流速为 0.65 m/s，非汛期平均流速为 0.65 m/s（图 3.2-22）。

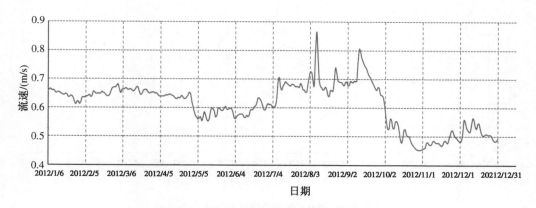

图 3.2-22　**2012 年马良镇断面流速变化曲线**

（6）汉江泽口码头

汉江泽口码头断面全年平均流速 0.44 m/s，其中汛期平均流速为 0.49 m/s，非汛期平均流速为 0.51 m/s（图 3.2-23）。

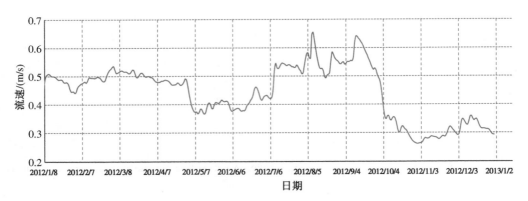

图 3.2-23　2012 年汉江泽口码头断面流速变化曲线

（7）岳口镇

岳口镇断面全年平均流速 0.75 m/s，其中汛期平均流速为 0.81 m/s，非汛期平均流速为 0.82 m/s（图 3.2-24）。

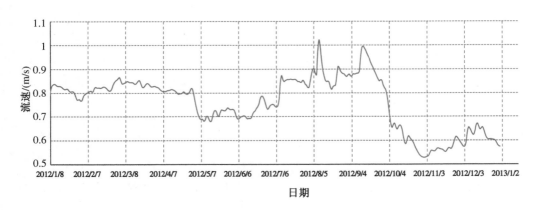

图 3.2-24　2012 年岳口镇断面流速变化曲线

（8）仙桃大桥附近

仙桃大桥附近断面全年平均流速 1.44 m/s，其中汛期平均流速为 1.29 m/s，非汛期平均流速为 1.63 m/s（图 3.2-25）。

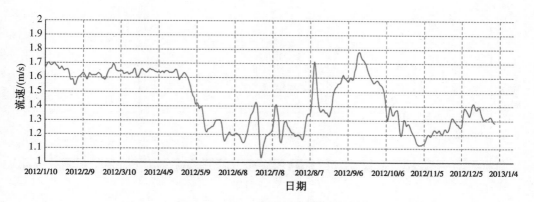

图 3.2-25　2012 年仙桃大桥附近断面流速变化曲线

3.2.2.2　2018 年梯级开发各断面流速计算结果

（1）雅口坝上

雅口坝上断面全年平均流速 0.46 m/s，其中汛期平均流速为 0.52 m/s，非汛期平均流速为 0.45 m/s（图 3.2-26）。

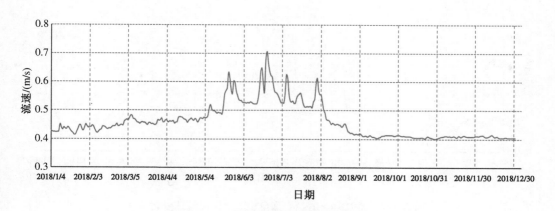

图 3.2-26　2018 年雅口坝上断面流速变化曲线

（2）葛藤湾-雅口坝下

葛藤湾-雅口坝下断面全年平均流速 0.66 m/s，其中汛期平均流速为 0.76 m/s，非汛期平均流速 0.63 m/s（图 3.2-27）。

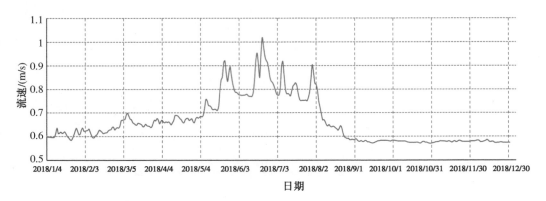

图 3.2-27　2018 年葛藤湾-雅口坝下断面流速变化曲线

（3）磷矿镇-碾盘山坝上

磷矿镇-碾盘山坝上断面全年平均流速 0.63 m/s，其中汛期平均流速为 0.72 m/s，非汛期平均流速为 0.61 m/s（图 3.2-28）。

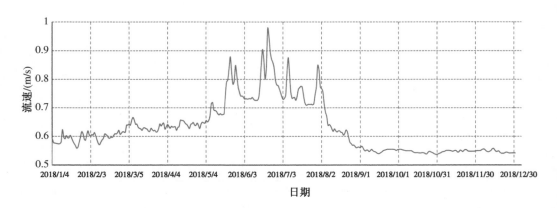

图 3.2-28　2018 年磷矿镇-碾盘山坝上断面流速变化曲线

（4）钟祥

钟祥断面全年平均流速 0.60 m/s，其中汛期平均流速为 0.74 m/s，非汛期平均流速为 0.58 m/s（图 3.2-29）。

图 3.2-29 **2018 年钟祥断面流速变化曲线**

（5）马良镇

马良镇断面全年平均流速 0.59 m/s，其中汛期平均流速为 0.70 m/s，非汛期平均流速为 0.57 m/s（图 3.2-30）。

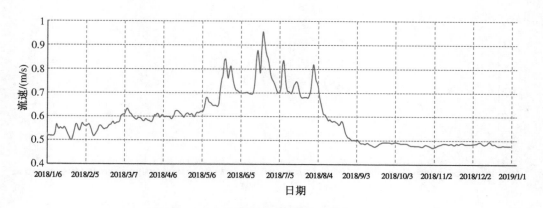

图 3.2-30 **2018 年马良镇断面流速变化曲线**

（6）汉江泽口码头

汉江泽口码头断面全年平均流速 0.39 m/s，其中汛期平均流速为 0.52 m/s，非汛期平均流速为 0.36 m/s（图 3.2-31）。

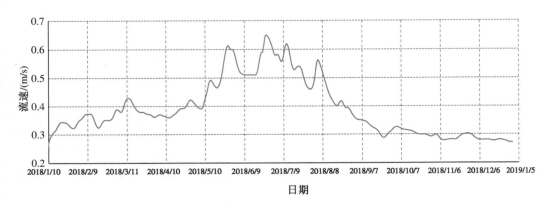

图 3.2-31 **2018 年汉江泽口码头断面流速变化曲线**

（7）岳口镇

岳口镇断面全年平均流速 0.70 m/s，其中汛期平均流速为 0.84 m/s，非汛期平均流速为 0.67 m/s（图 3.2-32）。

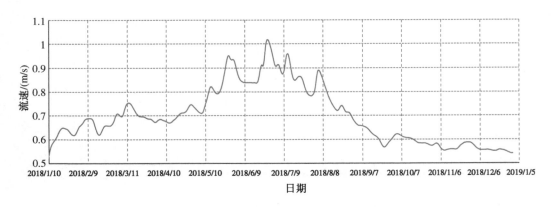

图 3.2-32 **2018 年岳口镇断面流速变化曲线**

（8）仙桃大桥附近

仙桃大桥附近断面全年平均流速 1.44 m/s，其中汛期平均流速为 1.50 m/s，非汛期平均流速为 1.42 m/s（图 3.2-33）。

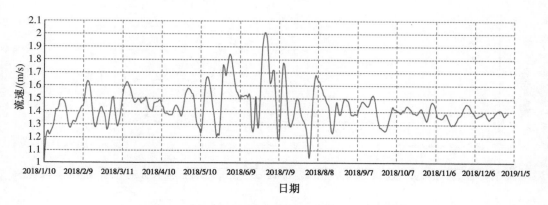

图 3.2-33　**2018 年仙桃大桥附近断面流速变化曲线**

3.2.2.3　2020 年梯级开发各断面流速计算结果

（1）雅口坝上

雅口坝上断面全年平均流速 0.46 m/s，其中汛期平均流速为 0.54 m/s，非汛期平均流速为 0.42 m/s（图 3.2-34）。

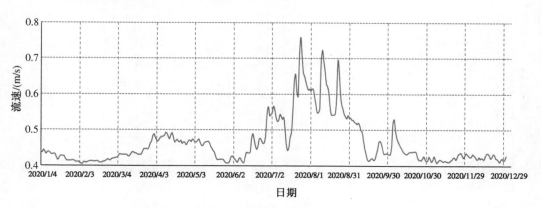

图 3.2-34　**2020 年雅口坝上断面流速变化曲线**

（2）葛藤湾-雅口坝下

葛藤湾-雅口坝下断面全年平均流速 0.66 m/s，其中汛期平均流速为 0.78 m/s，非汛期平均流速为 0.60 m/s（图 3.2-35）。

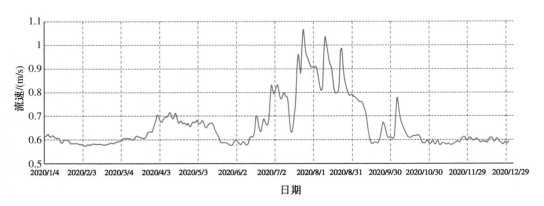

图 3.2-35　2020 年葛藤湾-雅口坝下断面流速变化曲线

（3）磷矿镇-碾盘山坝上

磷矿镇-碾盘山坝上断面全年平均流速 0.63 m/s，其中汛期平均流速为 0.74 m/s，非汛期平均流速为 0.57 m/s（图 3.2-36）。

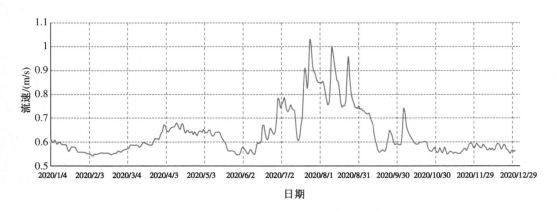

图 3.2-36　2020 年磷矿镇-碾盘山坝上断面流速变化曲线

（4）钟祥

钟祥断面全年平均流速 0.61 m/s，其中汛期平均流速为 0.76 m/s，非汛期平均流速为 0.52 m/s（图 3.2-37）。

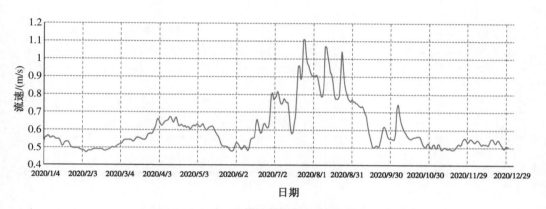

图 3.2-37　2020 年钟祥断面流速变化曲线

（5）马良镇

马良镇断面全年平均流速 0.59 m/s，其中汛期平均流速为 0.71 m/s，非汛期平均流速为 0.52 m/s（图 3.2-38）。

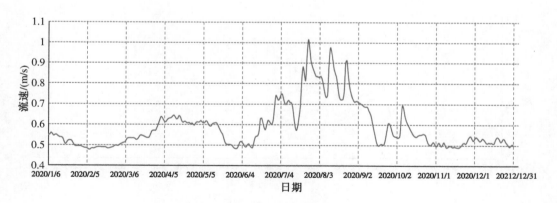

图 3.2-38　2020 年马良镇断面流速变化曲线

（6）汉江泽口码头

汉江泽口码头断面全年平均流速 0.39 m/s，其中汛期平均流速为 0.51 m/s，非汛期平均流速为 0.29 m/s（图 3.2-39）。

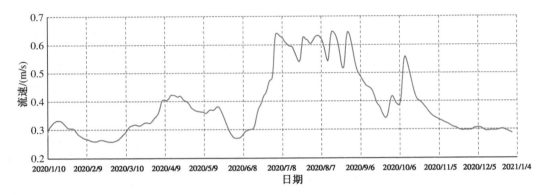

图 3.2-39　2020 年汉江泽口码头断面流速变化曲线

（7）岳口镇

岳口镇断面全年平均流速 0.69 m/s，其中汛期平均流速为 0.82 m/s，非汛期平均流速为 0.57 m/s（图 3.2-40）。

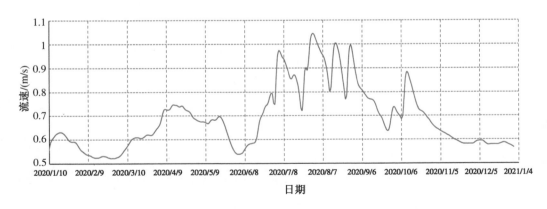

图 3.2-40　2020 年岳口镇断面流速变化曲线

（8）仙桃大桥附近

仙桃大桥附近断面全年平均流速 1.34 m/s，其中汛期平均流速为 1.22 m/s，非汛期平均流速为 1.41 m/s（图 3.2-41）。

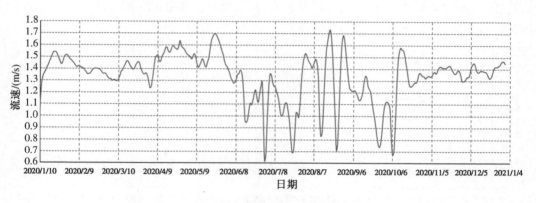

图 3.2-41　2020 年仙桃大桥附近断面流速变化曲线

3.2.2.4　雅口航运枢纽建成后各断面流速变化分析

（1）雅口坝上

雅口航运枢纽建成后，雅口坝上断面汛期（2021 年 6—8 月）平均流速为 0.24 m/s，该时段亦为四大家鱼产卵高峰期，非汛期（2022 年 1—3 月）平均流速为 0.09 m/s，该时段亦为易发生水华现象的时期（图 3.2-42）。

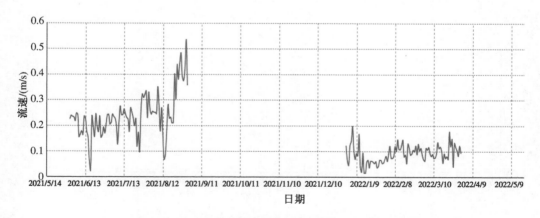

图 3.2-42　雅口航运枢纽建成后，雅口坝上断面流速变化曲线

（2）葛藤湾-雅口坝下

雅口航运枢纽建成后，葛藤湾-雅口坝下断面汛期（2021 年 6—8 月）平均流速为 0.84 m/s，该时段亦为四大家鱼产卵高峰期，非汛期（2022 年 1—3 月）平均流速为 0.70 m/s，该时段亦为易发生水华现象的时期（图 3.2-43）。

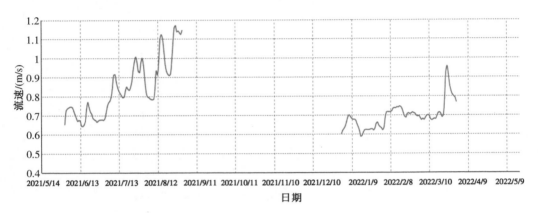

图 3.2-43　雅口航运枢纽建成后，葛藤湾-雅口坝下断面流速变化曲线

3.2.2.5　碾盘山水利水电枢纽建成后各断面流速变化分析

（1）磷矿镇-碾盘山坝上

碾盘山水利水电枢纽建成后，磷矿镇-碾盘山坝上断面非汛期（2023 年 1—3 月）平均流速为 0.06 m/s，该时段亦为易发生水华现象的时期（图 3.2-44）。

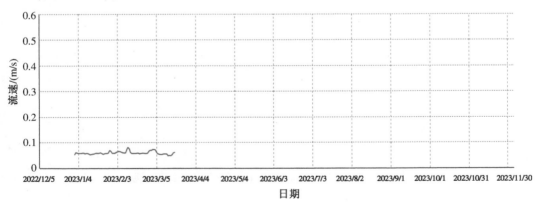

图 3.2-44　碾盘山水利水电枢纽建成后，磷矿镇-碾盘山坝上断面流速变化曲线

（2）钟祥

碾盘山水利水电枢纽建成后，钟祥断面非汛期（2023年1—3月）平均流速为0.49 m/s，该时段亦为易发生水华现象的时期（图3.2-45）。

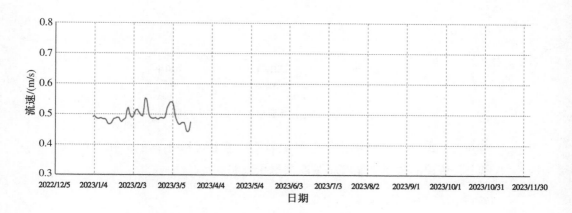

图3.2-45　碾盘山水利枢纽建成后，钟祥断面流速变化曲线

3.2.2.6　各断面流速变化分析

1. 雅口坝上

（1）2012—2020年全年流速变化分析

① 平均流速变化趋势

图3.2-46为2012年、2018年和2020年雅口坝上断面全年平均流速变化图。由图可知，雅口坝上断面全年平均流速于2012—2020年呈先减小后持平的趋势。表明在2012—2018年经过丹江口大坝加高、南水北调中线调水工程等梯级开发后，该断面年平均流速有所减小，在2018—2020年累积影响下，该断面的流速变化趋势不明显。

流速指标发生改变，对水生生物栖息地蓄水以及生物迁徙需求产生影响，同时影响到水温、含氧量、光合作用。四大家鱼产卵繁殖期在4—7月，繁殖期间需要适宜的流水环境。针对四大家鱼产卵繁殖适宜流速的研究显示，四大家鱼产卵偏好流速为0.2~0.9 m/s，当流速小于0.2 m/s时，漂流性卵开始下沉。四大家鱼鱼苗"腰点"流速为0.2 m/s，流速需维持在"腰点"流速以上以便鱼卵及刚孵化的鱼苗不下沉。

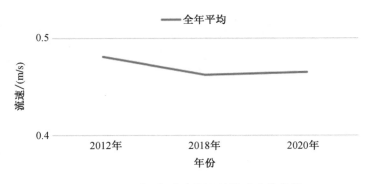

图 3.2-46　雅口坝上断面平均流速变化趋势

经分析，2012—2020 年，雅口坝上断面流速总体减小，但仍在"腰点"流速以上，流速的改变仍能够刺激四大家鱼产卵。

② 年极端流速变化趋势

表 3.2-25 为 2012 年、2018 年和 2020 年雅口坝上断面年均 1 d、3 d、7 d、30 d 和 90 d 最大、最小流速变化。由表可知，与 2012 年相比，雅口坝上的年均 1 d 最小流速在 2018 年和 2020 年有所增大，1 d 最大流速在 2018 年和 2020 年明显增大；年均多日最小流速于 2018—2020 年基本减小，年均多日最大流速于 2018—2020 年增大；基流指数于 2012—2018 年增大，于 2018—2020 年大幅度减小。以上表明近 10 年间雅口坝上断面的极端流速发生一定改变，总体上该断面年极端流速变大。

表 3.2-25　雅口坝上断面年极端流速

指标	2012 年	2018 年	2020 年
年均 1 d 最小流速	0.39	0.40	0.41
年均 3 d 最小流速	0.17	0.40	0.14
年均 7 d 最小流速	0.22	0.40	0.24
年均 30 d 最小流速	0.40	0.41	0.37
年均 90 d 最小流速	0.43	0.42	0.44
年均 1 d 最大流速	0.66	0.71	0.76

（续表）

指标	2012 年	2018 年	2020 年
年均 3 d 最大流速	0.62	0.68	0.95
年均 7 d 最大流速	0.59	0.65	0.68
年均 30 d 最大流速	0.55	0.58	0.63
年均 90 d 最大流速	0.54	0.56	0.56
基流指数	0.45	0.87	0.51

注：流速单位为 m/s。

③ 年极端流速发生时间变化趋势

表 3.2-26 为 2012 年、2018 年和 2020 年雅口坝上断面年最大、最小流速出现时间。由表可知，2012—2018 年雅口坝上断面年最小流速出现时间基本一致，年最大流速出现时间提前；2018—2020 年雅口坝上断面年最小流速出现时间提前，年最大流速出现时间推后。以上表明近 10 年间年极端流速发生时间具有一定的波动性。

表 3.2-26 雅口坝上断面年极端流速发生时间

指标	2012 年	2018 年	2020 年
年最小流速出现时间/d	301	303	36
年最大流速出现时间/d	220	172	206

④ 流速改变率及逆转次数变化趋势

表 3.2-27 为 2012 年、2018 年和 2020 年雅口坝上断面流速改变率及逆转次数变化情况。由表可知，雅口坝上断面的流速上升率和下降率于 2012—2018 年有所减小，于 2018—2020 年有所增大；逆转次数于 2012—2018 年有所减小，于 2018—2020 年有所增大。这表明近 10 年间梯级枢纽工程的开发对雅口坝上断面流速带来一定的影响，流速变化情况加剧。较高的流速可以刺激四大家鱼产卵，而流速的增大伴随较高的流速改变率，有利于受精卵漂浮和吸水膨胀。同时，流速的增大有利于携带河道污染物及沉积物，冲刷河道泥沙，降低河道生态环境风险。

表 3.2-27　雅口坝上断面流速改变率及逆转次数

指标	2012 年	2018 年	2020 年
上升率/［m/（s·d）］	149	129	147
下降率/［m/（s·d）］	181	168	172
逆转次数/次	179	162	194

（2）雅口成库前后该断面流速变化分析

图 3.2-47 为 2012—2022 年雅口坝上断面汛期、非汛期平均流速变化图。由图可知，雅口坝上断面汛期平均流速于 2012—2020 年小幅度增大，于 2020—2021 年骤然减小；非汛期流速于 2012—2022 年呈减小的趋势，尤其是在 2020—2022 年减小趋势更加明显。

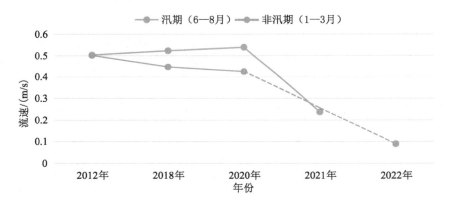

图 3.2-47　雅口坝上断面汛期、非汛期流速变化趋势

雅口成库前，造成这一现象的原因可能与丹江口水库、王甫洲水利枢纽和崔家营航电枢纽同时运行下在汛期蓄水、非汛期下泄有关，这使得汛期下泄流速与非汛期差异增大，且汛期流速始终高于非汛期流速。雅口坝上断面汛期流速改变较大，尤其在 5—6 月明显减小，在 8—9 月明显增大，但仍在"腰点"流速以上，流速的大幅度改变仍能够形成刺激四大家鱼产卵的有效流速。

雅口成库后，由于该断面地处雅口坝上位置，在水库的蓄水作用下，汛期流速、非汛期流速大幅度减小。这一现象将可能造成该断面发生水华的概率增大，同时在 1—3 月流速降低到"腰点"流速之下，鱼卵及刚孵化的鱼苗可能下沉，将不利于四大家鱼的繁殖。同时，流速的变化对水生生物栖息地蓄水以及生物迁徙需求产生影响，并影响到水温、含氧量、光合作用等。

2. 葛藤湾-雅口坝下

（1）2012—2020 年全年流速变化分析

① 平均流速变化趋势

图 3.2-48 为 2012 年、2018 年和 2020 年葛藤湾-雅口坝下断面全年平均流速变化图。由图可知，葛藤湾-雅口坝下断面全年平均流速于 2012—2020 年呈先减小后持平的趋势。表明在 2012—2018 年经过丹江口大坝加高、南水北调中线调水工程等梯级开发后，该断面年平均流速小幅度减小，在 2018—2020 年累积影响下，该断面的流速变化趋势不明显。

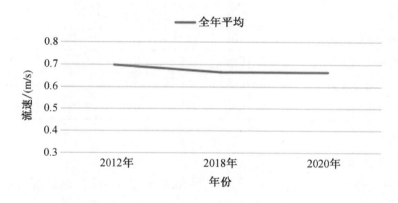

图 3.2-48　葛藤湾-雅口坝下断面平均流速变化趋势

经分析，2012—2020 年，葛藤湾-雅口坝下断面流速逐渐减小，但仍在"腰点"流速以上，流速的改变仍能够刺激四大家鱼产卵。

② 年极端流速变化趋势

表 3.2-28 为 2012 年、2018 年和 2020 年葛藤湾-雅口坝下断面年均 1 d、3 d、7 d、30 d 和 90 d 最大、最小流速变化。由表可知，与 2012 年相比，葛藤湾-雅口坝下的年均 1 d 最小流速在 2018 年和 2020 年基本持平，1 d 最大流速在 2018 年和 2020 年持续增大；年均多日最大流速于 2018—2020 年有所浮动且基本持平；基流指数于 2012—2018 年增大，于 2018—2020 年减小。以上表明近 10 年间葛藤湾-雅口坝下断面的极端流速发生一定改变，总体上该断面年极端流速变大。

表 3.2-28　葛藤湾-雅口坝下断面年极端流速

指标	2012 年	2018 年	2020 年
年均 1 d 最小流速	0.56	0.57	0.57
年均 3 d 最小流速	0.25	0.21	0.20
年均 7 d 最小流速	0.32	0.36	0.33
年均 30 d 最小流速	0.57	0.56	0.52
年均 90 d 最小流速	0.61	0.59	0.62
年均 1 d 最大流速	0.97	1.02	1.07
年均 3 d 最大流速	1.48	1.33	1.37
年均 7 d 最大流速	1.06	0.95	0.98
年均 30 d 最大流速	0.82	0.86	0.92
年均 90 d 最大流速	0.80	0.83	0.83
基流指数	0.46	0.55	0.50

注：流速单位为 m/s。

③ 年极端流速发生时间变化趋势

表 3.2-29 为 2012 年、2018 年和 2020 年葛藤湾-雅口坝下断面年最大、最小流速出现时间。由表可知，2012—2018 年葛藤湾-雅口坝下断面年最小流速出现时间基本一致，年最大流速出现时间提前；2018—2020 年葛藤湾-雅口坝下断面年最小流速出现时间提前，年最大流速出现时间推后。以上表明近 10 年间年极端流速发生时间具有一定的波动性。

表 3.2-29　葛藤湾-雅口坝下断面年极端流速发生时间

指标	2012 年	2018 年	2020 年
年最小流速出现时间/d	302	303	36
年最大流速出现时间/d	220	172	206

④ 流速改变率及逆转次数变化趋势

表 3.2-30 为 2012 年、2018 年和 2020 年葛藤湾-雅口坝下断面流速改变率及逆转次数变化情况。由表可知，葛藤湾-雅口坝下的流速上升率和下降率于 2012—2018 年有所减小，于 2018—2020 年有所增大；逆转次数于 2012—

2018 年有所减小，于 2018—2020 年有所增大。这表明近 10 年间梯级枢纽工程的开发对葛藤湾-雅口坝下断面流速带来一定的影响，流速变化情况加剧。

表 3.2-30　葛藤湾-雅口坝下断面流速改变率及逆转次数

指标	2012 年	2018 年	2020 年
上升率/［m/（s·d）］	159	144	145
下降率/［m/（s·d）］	184	164	189
逆转次数/次	206	186	217

（2）雅口成库前后该断面流速变化分析

图 3.2-49 为 2012—2022 年葛藤湾-雅口坝下断面汛期、非汛期平均流速变化图。由图可知，葛藤湾-雅口坝下断面汛期平均流速于 2012—2021 年逐年增大；非汛期流速于 2012—2020 年呈逐年减小的趋势，于 2021—2022 年有所增大。

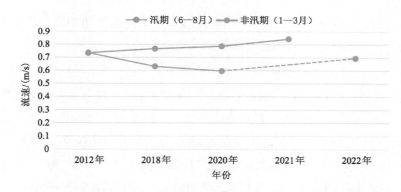

图 3.2-49　葛藤湾-雅口坝下断面汛期、非汛期流速变化趋势

雅口成库前，造成这一现象的原因可能与丹江口水库、王甫洲水利枢纽和崔家营航电枢纽同时运行下在汛期蓄水、非汛期下泄有关，这使得汛期下泄流速与非汛期差异增大，且汛期流速始终高于非汛期流速。雅口成库后，汛期流速、非汛期流速小幅度增大，始终维持在"腰点"流速以上，仍能够形成刺激四大家鱼产卵的有效流速。

3. 磷矿镇-碾盘山坝上

（1）2012—2020 年全年流速变化分析

① 平均流速变化趋势

图 3.2-50 为 2012 年、2018 年和 2020 年磷矿镇-碾盘山坝上断面全年平

均流速变化图。由图可知，磷矿镇-碾盘山坝上断面全年平均流速与雅口坝上趋势相似，于2012—2020年呈先减小后持平的趋势。

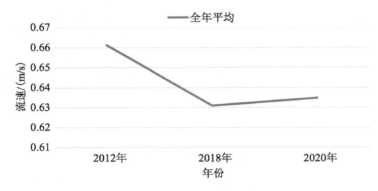

图3.2-50　磷矿镇-碾盘山坝上断面平均流速变化趋势

经分析，2018—2020年，磷矿镇-碾盘山坝上断面流速始终处在"腰点"流速以上，流速的改变仍能够刺激四大家鱼产卵。

② 年极端流速变化趋势

表3.2-31为2012年、2018年和2020年磷矿镇-碾盘山坝上断面年均1 d、3 d、7 d、30 d和90 d最大、最小流速变化。由表可知，与2012年相比，磷矿镇-碾盘山坝上的年均1 d最小流速在2018年和2020年基本持平，1 d最大流速在2018年和2020年持续增大；年均多日最大流速于2018—2020年略有增大；基流指数于2012—2018年增大，于2018—2020年减小。表明近10年间磷矿镇-碾盘山坝上断面的极端流速发生一定改变，总体上该断面年极端流速变大。

表3.2-31　磷矿镇-碾盘山坝上断面年极端流速

指标	2012 年	2018 年	2020 年
年均1 d最小流速	0.52	0.54	0.54
年均3 d最小流速	0.23	0.21	0.19
年均7 d最小流速	0.30	0.35	0.32
年均30 d最小流速	0.54	0.53	0.50

（续表）

指标	2012 年	2018 年	2020 年
年均 90 d 最小流速	0.58	0.55	0.59
年均 1 d 最大流速	0.92	0.98	1.03
年均 3 d 最大流速	1.40	1.28	1.30
年均 7 d 最大流速	1.00	0.91	0.93
年均 30 d 最大流速	0.78	0.81	0.87
年均 90 d 最大流速	0.75	0.78	0.78
基流指数	0.46	0.56	0.50

注：流速单位为 m/s。

③ 年极端流速发生时间变化趋势

表 3.2-32 为 2012 年、2018 年和 2020 年磷矿镇-碾盘山坝上断面年最大、最小流速出现时间。由表可知，2012—2018 年磷矿镇-碾盘山坝上断面年最小流速出现时间基本一致，年最大流速出现时间提前；2018—2020 年磷矿镇-碾盘山坝上断面年最小流速出现时间提前，年最大流速出现时间推后。以上说明近 10 年间年极端流速发生时间具有一定的波动性。

表 3.2-32　磷矿镇-碾盘山坝上断面年极端流速发生时间

指标	2012 年	2018 年	2020 年
年最小流速出现时间/d	302	303	37
年最大流速出现时间/d	220	172	206

④ 流速改变率及逆转次数变化趋势

表 3.2-33 为 2012 年、2018 年和 2020 年磷矿镇-碾盘山坝上断面流速改变率及逆转次数变化情况。由表可知，磷矿镇-碾盘山坝上断面的流速上升率和下降率于 2012—2018 年有所减小，上升率于 2018—2020 年有所减小，下降率于 2018—2020 年有所增大；逆转次数于 2012—2018 年有所减小，于 2018—2020 年有所增大。这表明近 10 年间梯级枢纽工程的开发对磷矿镇-碾盘山坝上断面流速带来一定的影响，流速变化情况加剧。

表 3.2-33　磷矿镇-碾盘山坝上断面流速改变率及逆转次数

指标	2012 年	2018 年	2020 年
上升率/［m/（s·d）］	144	143	141
下降率/［m/（s·d）］	187	173	185
逆转次数/次	186	180	204

（2）碾盘山成库前后该断面流速变化分析

图 3.2-51 为 2012—2023 年磷矿镇-碾盘山坝上断面汛期、非汛期平均流速变化图。由图可知，磷矿镇-碾盘山坝上断面汛期平均流速于 2012—2020 年增大；非汛期平均流速于 2012—2023 年持续减小，尤其是 2020—2023 年大幅度减小。

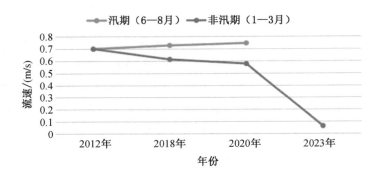

图 3.2-51　磷矿镇-碾盘山坝上断面汛期、非汛期流速变化趋势

碾盘山成库前，造成这一现象的原因可能与丹江口水库、王甫洲水利枢纽和崔家营航电枢纽同时运行下在汛期蓄水、非汛期下泄有关，这使得汛期下泄流速与非汛期差异增大，且汛期流速始终高于非汛期流速，表明磷矿镇-碾盘山坝上断面的流速变化在水利枢纽的调节作用下具有年累积效应。

碾盘山成库后，由于该断面地处碾盘山坝上位置，在水库的蓄水作用下，非汛期流速大幅度减小。这一现象将可能造成该断面发生水华的概率增大，在 1—3 月流速降低到"腰点"流速之下，鱼卵及刚孵化的鱼苗可能下沉，将不利于四大家鱼的繁殖。同时，流速的变化对水生生物栖息地蓄水以及生物迁徙需求产生影响，并影响到水温、含氧量、光合作用等。

4. 钟祥

（1）2012—2020 年全年流速变化分析

① 平均流速变化趋势

图 3.2-52 为 2012 年、2018 年和 2020 年钟祥断面全年平均流速变化图。由图可知，钟祥断面全年平均流速与雅口坝上趋势相似，于 2012—2020 年呈先减小后持平的趋势。

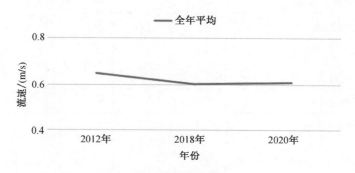

图 3.2-52　钟祥断面平均流速变化趋势

经分析，2018—2020 年，磷矿镇-碾盘山坝上断面流速始终处在"腰点"流速以上，流速的改变仍能够刺激四大家鱼产卵。

② 年极端流速变化趋势

表 3.2-34 为 2012 年、2018 年和 2020 年钟祥断面年均 1 d、3 d、7 d、30 d 和 90 d 最大、最小流速变化。由表可知，与 2012 年相比，钟祥的年均 1 d 最小流速在 2018 年和 2020 年持续增大，1 d 最大流速在 2018 年和 2020 年持续增大；年均多日最大流速于 2018—2020 年略有增大且基本持平；基流指数于 2012—2018 年增大，于 2018—2020 年减小。表明近 10 年间钟祥断面的极端流速发生一定改变，总体上该断面年极端流速变大。

表 3.2-34　钟祥断面年极端流速

指标	2012 年	2018 年	2020 年
年均 1 d 最小流速	0.44	0.46	0.47
年均 3 d 最小流速	0.23	0.19	0.17
年均 7 d 最小流速	0.20	0.33	0.29

（续表）

指标	2012 年	2018 年	2020 年
年均 30 d 最小流速	0.46	0.47	0.44
年均 90 d 最小流速	0.53	0.49	0.55
年均 1 d 最大流速	0.97	1.05	1.11
年均 3 d 最大流速	1.41	1.23	1.27
年均 7 d 最大流速	1.01	0.96	1.01
年均 30 d 最大流速	0.79	0.85	0.93
年均 90 d 最大流速	0.77	0.81	0.81
基流指数	0.31	0.55	0.47

注：流速单位为 m/s。

③ 年极端流速发生时间变化趋势

表 3.2-35 为 2012 年、2018 年和 2020 年钟祥断面年最大、最小流速出现时间。由表可知，2012—2018 年钟祥断面年最小流速出现时间基本一致，年最大流速出现时间提前；2018—2020 年钟祥断面年最小流速出现时间提前，年最大流速均出现时间推后。以上表明近 10 年间年极端流速发生时间具有一定的波动性。

表 3.2-35　钟祥断面年极端流速发生时间

指标	2012 年	2018 年	2020 年
年最小流速出现时间/d	303	304	37
年最大流速出现时间/d	220	172	206

④ 流速改变率及逆转次数变化趋势

表 3.2-36 为 2012 年、2018 年和 2020 年钟祥断面流速改变率及逆转次数变化情况。由表可知，钟祥断面的流速上升率和下降率于 2012—2018 年有所减小，于 2018—2020 年有所增大；逆转次数于 2012—2018 年有所减小，于 2018—2020 年有所增大。这表明近 10 年间梯级枢纽工程的开发对钟祥断面流速带来一定的影响，流速变化情况加剧。

表 3.2-36 钟祥断面流速变化改变率及频率

指标	2012 年	2018 年	2020 年
上升率/[m/(s·d)]	154	144	145
下降率/[m/(s·d)]	190	179	191
逆转次数/次	208	206	224

（2）碾盘山成库前后该断面流速变化分析

图 3.2-53 为 2012—2023 年钟祥断面汛期、非汛期平均流速变化图。由图可知，钟祥断面汛期平均流速于 2012—2020 年增大；非汛期平均流速于 2012—2023 年持续减小。

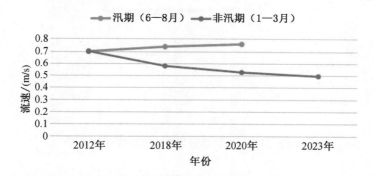

图 3.2-53 钟祥断面汛期、非汛期流速变化趋势

碾盘山成库前，造成这一现象的原因可能与丹江口水库、王甫洲水利枢纽和崔家营航电枢纽同时运行下在汛期蓄水、非汛期下泄有关，这使得汛期下泄流速与非汛期差异增大，且汛期流速始终高于非汛期流速，表明钟祥断面的流速变化在水利枢纽的调节作用下具有年累积效应。

碾盘山成库后，由于该断面地处碾盘山坝下位置，在水库的蓄水作用下，非汛期流速有所减小。这一现象将可能造成该断面发生水华的概率增大，同时 1—3 月流速仍在"腰点"流速之上，鱼卵及刚孵化的鱼苗可保持不下沉，对四大家鱼的繁殖影响不大。

5. 马良镇

（1）平均流速变化趋势

图 3.2-54 为 2012 年、2018 年和 2020 年马良镇断面全年平均流速和汛

期、非汛期平均流速变化图。由图可知，马良镇断面全年平均流速与雅口坝上趋势相似，于 2012—2020 年呈先减小后持平的趋势；汛期平均流速于 2012—2020 年增大；非汛期平均流速于 2012—2020 年持续减小。造成这一现象的原因可能与丹江口水库、王甫洲水利枢纽和崔家营航电枢纽同时运行下在汛期蓄水、非汛期下泄有关，这使得汛期下泄流速与非汛期差异增大，且汛期流速始终高于非汛期流速，表明马良镇断面的流速变化在水利枢纽的调节作用下具有年累积效应。

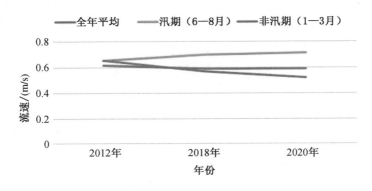

图 3.2-54　马良镇断面平均流速变化趋势

经分析，2018—2020 年，马良镇断面汛期流速改变较大，尤其 5—6 月明显减小，8—9 月明显增大，但仍在"腰点"流速以上，流速的大幅度改变仍能够形成刺激四大家鱼产卵的有效流速。同时，流速的变化对水生生物栖息地蓄水以及生物迁徙需求产生影响，并影响到水温、含氧量、光合作用等。

（2）年极端流速变化趋势

表 3.2-37 为 2012 年、2018 年和 2020 年马良镇断面年均 1 d、3 d、7 d、30 d 和 90 d 最大、最小流速变化。由表可知，与 2012 年相比，马良镇断面的年均 1 d 最小流速在 2018 年和 2020 年持续增大，1 d 最大流速在 2018 年和 2020 年持续增大；年均多日最大流速于 2018—2020 年略有增大且基本持平；基流指数于 2012—2018 年增大，于 2018—2020 年减小。表明近 10 年间马良镇断面的极端流速发生一定改变，总体上该断面年极端流速变大。

表 3.2-37 马良镇断面年极端流速

指标	2012 年	2018 年	2020 年
年均 1 d 最小流速	0.45	0.47	0.48
年均 3 d 最小流速	0.21	0.19	0.17
年均 7 d 最小流速	0.28	0.33	0.28
年均 30 d 最小流速	0.47	0.48	0.44
年均 90 d 最小流速	0.52	0.49	0.54
年均 1 d 最大流速	0.87	0.96	1.02
年均 3 d 最大流速	1.31	1.21	1.23
年均 7 d 最大流速	0.94	0.88	0.92
年均 30 d 最大流速	0.73	0.78	0.85
年均 90 d 最大流速	0.70	0.75	0.75
基流指数	0.46	0.56	0.48

注：流速单位为 m/s。

（3）年极端流速发生时间变化趋势

表 3.2-38 为 2012 年、2018 年和 2020 年马良镇断面年最大、最小流速出现时间。由表可知，2012—2018 年马良镇断面年最小流速出现时间基本一致，年最大流速出现时间提前；2018—2020 年马良镇断面年最小流速出现时间提前，年最大流速出现时间推后。以上表明近 10 年间年极端流速发生时间具有一定的波动性。

表 3.2-38 马良镇断面年极端流速发生时间

指标	2012 年	2018 年	2020 年
年最小流速出现时间/d	303	305	38
年最大流速出现时间/d	221	173	207

（4）流速改变率及逆转次数变化趋势

表 3.2-39 为 2012 年、2018 年和 2020 年马良镇断面流速改变率及逆转次数变化情况。由表可知，马良镇的流速上升率和下降率于 2012—2018 年有所

减小，于 2018—2020 年有所增大；逆转次数于 2012—2018 年有所减小，于 2018—2020 年有所增大。这表明近 10 年间梯级枢纽工程的开发对马良镇断面流速带来一定的影响，流速变化情况加剧。

表 3.2-39 马良镇断面流速变化改变率及频率

指标	2012 年	2018 年	2020 年
上升率/［m/（s·d）］	149	137	146
下降率/［m/（s·d）］	191	176	189
逆转次数/次	214	207	234

6. 汉江泽口码头

（1）平均流速变化趋势

图 3.2-55 为 2012 年、2018 年和 2020 年汉江泽口码头断面全年平均流速和汛期、非汛期平均流速变化图。由图可知，汉江泽口码头断面全年平均流速与雅口坝上趋势相似，于 2012—2020 年呈先减小后持平的趋势；汛期平均流速于 2012—2020 年稍有增大；非汛期平均流速于 2012—2018 年持续减小。造成这一现象的原因可能与丹江口水库、王甫洲水利枢纽和崔家营航电枢纽同时运行下在汛期蓄水、非汛期下泄有关，这使得汛期下泄流速与非汛期差异增大，且汛期流速始终高于非汛期流速，表明汉江泽口码头断面的流速变化在水利枢纽的调节作用下具有年累积效应。

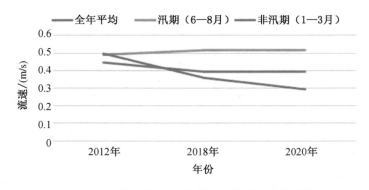

图 3.2-55 汉江泽口码头断面平均流速变化趋势

经分析，2018—2020 年，汉江泽口码头断面汛期流速改变较大，尤其 5—6 月明显减小，8—9 月明显增大，但仍在"腰点"流速以上，流速的大幅度改变仍能够形成刺激四大家鱼产卵的有效流速。同时，流速的变化对水生生物栖息地蓄水以及生物迁徙需求产生影响，并影响到水温、含氧量、光合作用等。

（2）年极端流速变化趋势

表 3.2-40 为 2012 年、2018 年和 2020 年汉江泽口码头断面年均 1 d、3 d、7 d、30 d 和 90 d 最大、最小流速变化。由表可知，与 2012 年相比，汉江泽口码头断面的年均 1 d 最小流速在 2018 年、2020 年减小，1 d 最大流速在 2018 年减小，于 2020 基本持平；基流指数于 2012—2018 年减小，于 2018—2020 年减小。表明近十年间汉江泽口码头断面的极端流速发生一定改变，总体上该断面年极端流速减小。

表 3.2-40　汉江泽口码头断面年极端流速

指标	2012 年	2018 年	2020 年
年均 1 d 最小流速	0.26	0.20	0.19
年均 3 d 最小流速	0.17	0.12	0.09
年均 7 d 最小流速	0.26	0.20	0.15
年均 30 d 最小流速	0.28	0.28	0.24
年均 90 d 最小流速	0.32	0.30	0.31
年均 1 d 最大流速	0.66	0.65	0.65
年均 3 d 最大流速	1.00	0.73	0.69
年均 7 d 最大流速	0.72	0.63	0.63
年均 30 d 最大流速	0.58	0.59	0.61
年均 90 d 最大流速	0.56	0.55	0.56
基流指数	0.59	0.52	0.38

注：流速单位为 m/s。

（3）年极端流速发生时间变化趋势

表 3.2-41 为 2012 年、2018 年和 2020 年汉江泽口码头断面年最大、最小流速出现时间。由表可知，2012—2018 年汉江泽口码头断面年最小流速、年最大流速出现时间提前；2018—2020 年汉江泽口码头断面年最小流速出现时间不变，年最大流速出现时间推后。以上说明近 10 年间年极端流速发生时间具有一定的波动性。

表 3.2-41　汉江泽口码头断面年极端流速发生时间

指标	2012 年	2018 年	2020 年
年最小流速出现时间/d	305	8	8
年最大流速出现时间/d	222	177	228

④ 流速改变率及逆转次数变化趋势

表 3.2-42 为 2012 年、2018 年和 2020 年汉江泽口码头断面流速改变率及逆转次数变化情况。由表可知，汉江泽口码头断面的流速上升率和下降率于 2012—2018 年有所减小，上升率于 2018—2020 年有所减小，下降率于 2018—2020 年有所增大；逆转次数于 2012—2020 年持续增大。这表明近 10 年间梯级枢纽工程的开发对汉江泽口码头断面流速带来一定的影响，流速变化情况加剧。

表 3.2-42　汉江泽口码头断面流速改变率及逆转次数

指标	2012 年	2018 年	2020 年
上升率/［m/（s·d）］	144	130	125
下降率/［m/（s·d）］	192	178	200
逆转次数/次	234	255	281

7. 岳口镇

（1）平均流速变化趋势

图 3.2-56 为 2012 年、2018 年和 2020 年岳口镇断面全年平均流速和汛期、非汛期平均流速变化图。由图可知，岳口镇断面全年平均流速与雅口坝

上趋势相似，于 2012—2020 年呈先减小后持平的趋势；汛期平均流速于 2012—2018 年有所增大，于 2018—2020 年减小；非汛期平均流速于 2012—2018 年持续减小。造成这一现象的原因可能与丹江口水库、王甫洲水利枢纽和崔家营航电枢纽同时运行下在汛期蓄水、非汛期下泄有关，这使得汛期下泄流速与非汛期差异增大，且汛期流速始终高于非汛期流速，表明岳口镇断面的流速变化在水利枢纽的调节作用下具有年累积效应。

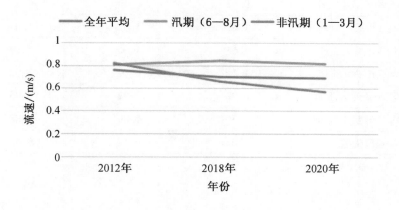

图 3.2-56　岳口镇断面平均流速变化趋势

经分析，2018—2020 年，岳口镇断面汛期流速改变较大，尤其 5—6 月明显减小，8—9 月明显增大，但仍在"腰点"流速以上，流速的大幅度改变仍能够形成刺激四大家鱼产卵的有效流速。同时，流速的变化对水生生物栖息地蓄水以及生物迁徙需求产生影响，并影响到水温、含氧量、光合作用等。

（2）年极端流速变化趋势

表 3.2-43 为 2012 年、2018 年和 2020 年岳口镇断面年均 1 d、3 d、7 d、30 d 和 90 d 最大、最小流速变化。由表可知，与 2012 年相比，岳口镇的年均 1 d 最小流速在 2018 年、2020 年减小，1 d 最大流速在 2018 年基本持平，于 2020 年增大；基流指数于 2012—2020 年减小。表明近 10 年间岳口镇断面的极端流速发生一定改变，总体上该断面年极端流速减小。

表 3.2-43 岳口镇断面年极端流速

指标	2012 年	2018 年	2020 年
年均 1 d 最小流速	0.53	0.50	0.52
年均 3 d 最小流速	0.28	0.22	0.17
年均 7 d 最小流速	0.47	0.38	0.30
年均 30 d 最小流速	0.55	0.55	0.48
年均 90 d 最小流速	0.62	0.59	0.59
年均 1 d 最大流速	1.02	1.02	1.05
年均 3 d 最大流速	1.65	1.36	1.29
年均 7 d 最大流速	1.19	0.99	1.02
年均 30 d 最大流速	0.92	0.92	0.95
年均 90 d 最大流速	0.89	0.89	0.88
基流指数	0.62	0.54	0.43

注：流速单位为 m/s。

（3）年极端流速发生时间变化趋势

表 3.2-44 为 2012 年、2018 年和 2020 年岳口镇断面年最大、最小流速出现时间。由表可知，2012—2018 年岳口镇断面年最小流速、年最大流速出现时间提前；2018—2020 年岳口镇断面年最小流速出现时间不变，年最大流速出现时间推后。以上说明近 10 年间年极端流速发生时间具有一定的波动性。

表 3.2-44 岳口镇断面年极端流速发生时间

指标	2012 年	2018 年	2020 年
年最小流速出现时间/d	305	8	8
年最大流速出现时间/d	222	177	212

④ 流速改变率及频率逆转次数趋势

表 3.2-45 为 2012 年、2018 年和 2020 年岳口镇断面流速改变率及逆转次数变化情况。由表可知，岳口镇断面的流速上升率于 2012—2020 年有所减小，下降率于 2012—2020 年有所增大；逆转次数于 2012—2020 年有所增大。这表明近 10 年间梯级枢纽工程的开发对岳口镇断面流速带来一定的影响，流

速变化情况加剧。

表 3.2-45 岳口镇断面流速改变率及逆转次数

指标	2012 年	2018 年	2020 年
上升率/［m/（s·d）］	141	131	122
下降率/［m/（s·d）］	187	189	200
逆转次数/次	225	263	279

8. 仙桃大桥附近

（1）平均流速变化趋势

图 3.2-57 为 2012 年、2018 年和 2020 年仙桃大桥附近断面全年平均流速和汛期、非汛期平均流速变化图。由图可知，仙桃大桥附近断面全年平均流速于 2012—2020 年呈先持平后减小的趋势；汛期平均流速于 2012—2018 年有所增大，于 2018—2020 年减小；非汛期平均流速于 2012—2018 年减小，于 2018—2020 年持平。

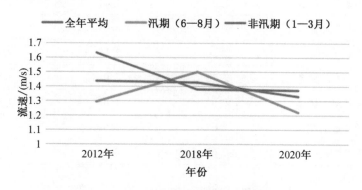

图 3.2-57 仙桃大桥附近断面平均流速变化趋势

经分析，2018—2020 年，仙桃大桥附近断面汛期流速改变较大，尤其 5—6 月明显减小，8—9 月明显增大，但仍在"腰点"流速以上，大幅度改变后的流速仍能够形成刺激四大家鱼产卵的有效流速。同时，流速的变化对水生生物栖息地蓄水以及生物迁徙需求产生影响，并影响到水温、含氧量、光合作用等。

（2）年极端流速变化趋势

表 3.2-46 为 2012 年、2018 年和 2020 年仙桃大桥附近断面年均 1 d、3 d、7 d、30 d 和 90 d 最大、最小流速变化。由表可知，与 2012 年相比，仙桃大桥附近断面的年均 1 d 最小流速在 2018 年持平，于 2020 年减小，1 d 最大流速在 2018 年增大，于 2020 年减小。基流指数于 2012—2018 年减小，于 2018—2020 年增大。表明近 10 年间仙桃大桥附近断面的极端流速发生一定改变，总体上该断面年极端流速减小。

表 3.2-46　仙桃大桥附近断面年极端流速

指标	2012 年	2018 年	2020 年
年均 1 d 最小流速	1.04	1.04	0.62
年均 3 d 最小流速	0.54	0.39	0.42
年均 7 d 最小流速	0.91	0.69	0.76
年均 30 d 最小流速	1.19	1.21	1.04
年均 90 d 最小流速	1.28	1.41	1.20
年均 1 d 最大流速	1.78	2.01	1.73
年均 3 d 最大流速	3.30	2.88	2.69
年均 7 d 最大流速	2.36	2.08	1.98
年均 30 d 最大流速	1.81	1.64	1.64
年均 90 d 最大流速	1.67	1.59	1.55
基流指数	0.64	0.48	0.57

注：流速单位为 m/s。

（3）年极端流速发生时间变化趋势

表 3.2-47 为 2012 年、2018 年和 2020 年仙桃大桥附近断面年最大、最小流速出现时间。由表可知，2012—2018 年仙桃大桥附近断面年最小流速、年最大流速出现时间提前；2018—2020 年仙桃大桥附近断面年最小流速出现时间不变，年最大流速均出现时间推后。以上表明近 10 年间年极端流速发生时间具有一定的波动性。

表 3.2-47　仙桃大桥附近断面年极端流速发生时间

指标	2012 年	2018 年	2020 年
年最小流速出现时间/d	181	9	9
年最大流速出现时间/d	259	179	232

④ 流速改变率及逆转次数变化趋势

表 3.2-48 为 2012 年、2018 年和 2020 年仙桃大桥附近断面流速改变率及逆转次数变化情况。由表可知，仙桃大桥附近的流速上升率于 2012—2018 年有所减小，下降率有所增大，上升率于 2018—2020 年有所增大，下降率有所减小；逆转次数于 2012—2018 年有所增大，于 2018—2020 年有所减小。这表明近 10 年间梯级枢纽工程的开发对仙桃大桥附近断面流速带来一定的影响，流速变化情况加剧。

表 3.2-48　仙桃大桥附近断面流速改变率及逆转次数

指标	2012 年	2018 年	2020 年
上升率/［m/（s·d）］	170	167	171
下降率/［m/（s·d）］	174	185	183
逆转次数/次	240	268	261

3.2.2.7　小结

水利枢纽工程的建设，将影响汉江中下游干流水动力特性。以 2012 年、2018 年、2020 年的雅口航运枢纽和碾盘山水利枢纽建成后等多种不同情景作为对比，采用一维水动力模型对汉江中下游代表性断面的流速变化进行模拟。

结果显示，梯级开发对各河段流速存在一定影响：

2012—2020 年，在丹江口水库、王甫洲、崔家营、兴隆四个枢纽同时运行的基础上，经过丹江口大坝加高、南水北调中线调水工程（调水量约 86.22 亿 m^3/a）、引江济汉工程正常运行（调水量约 35.87 亿 m^3）等梯级开发对各河段流速的影响，全年各河段平均流速略有减小且基本持平，变化幅度为 1.1%～11.9%，同年汛期流速增大而非汛期流速减小，年极端最小流速、最大流速均有所减小，年最小流速出现时间提前，年最大流速出现时间基本一致，流速上升率减小而下降率增大或减小，流速逆转次数增大。而仙桃大桥附近断面在汛期流速先增大后减小，非汛期流速大幅度减小。

2022 年初，雅口航运枢纽完成蓄水，南水北调中线工程进一步调水（调水量约 90 亿 m³/a），受其影响，雅口坝上断面汛期平均流速减小，达 0.24 m/s，减小幅度为 55.9%；非汛期平均流速减小，达 0.09 m/s，减小幅度为 78.9%。这将可能造成雅口坝上发生水华的概率增大，同时不利于四大家鱼的繁殖。而葛藤湾-雅口坝下断面汛期与非汛期平均流速均有所增大，增大幅度分别为 7.3% 和 16.4%，流速维持在"腰点"流速以上，流速的改变可以刺激雅口坝下河段四大家鱼产卵。以上表明在雅口枢纽的调节作用下，汛期和非汛期的流速浮动与雅口成库息息相关，其坝上、坝下断面流量均发生变化，其中坝上断面在 6—8 月汛期及 1—3 月非汛期时段流速过程均受到较大的影响。

2023 年初，碾盘山水利水电枢纽完成一期蓄水，南水北调中线工程进一步调水（调水量约 90 亿 m³/a），受其影响，磷矿镇-碾盘山坝上断面非汛期流速有所减小，达 0.06 m/s，减小幅度为 89.7%；钟祥断面非汛期流量有所减小，达 0.49 m/s，减小幅度为 6.1%。以上表明受到碾盘山水利水电枢纽的影响，碾盘山坝上流速变化尤其明显，大幅减小的流速将导致发生水华的概率增大，同时将不利于四大家鱼的繁殖，甚至导致原有产卵场的丧失。

综上所述，汉江中下游流速具有一定的累积性，水利枢纽工程起到汛期蓄水、非汛期下泄的作用，在流量发生变化的同时，加剧了流速变化的次数，这对刺激四大家鱼产卵、携带河道污染物及沉积物、冲刷河道泥沙起到积极的作用。但成库后坝上流速的减小将不利于四大家鱼的繁殖。

研究表明，高流量状态下的水流扰动是河流生物生存及水体内部物理化学反应的主要驱动力之一，是自然界自我调整的重要机制之一。2018 年，结合产卵场调查情况开展生态调度工作。2020 年为丰水年，同时是十年禁渔实施的第一年，产卵量有所增加，产卵场也得到了恢复，产卵场基本上涵盖襄阳至仙桃河段。与历年来鱼类产卵场调查数据分析比较，高流速脉冲历时与产卵场数量呈显著正相关。综上所述，汉江中下游流速具有一定的累积性，水利枢纽工程起到汛期蓄水、非汛期下泄的作用，在流量产生变化的同时，加剧了流速变化的次数，成库后坝上流速的减小将不利于四大家鱼的繁殖。

3.2.3　对水位累积效应分析

本次研究选取汉江汛期（6—8 月）水位和非汛期（1—3 月）水位进行分析。

3.2.3.1　2012 年梯级开发各断面水位计算结果

研究区域各主要水位变化情况如下。

（1）雅口坝上

雅口枢纽尚未建成，雅口坝上断面主要承接崔家营枢纽下泄水量，全年平均水位 49.43 m，其中汛期平均水位为 49.73 m，非汛期平均水位为 49.74 m（图 3.2-58）。

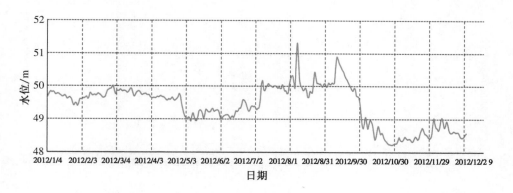

图 3.2-58　2012 年雅口坝上断面水位变化曲线

（2）葛藤湾–雅口坝下

雅口枢纽尚未建成，葛藤湾–雅口坝下断面主要承接崔家营枢纽下泄水量，全年平均水位 46.12 m，其中汛期平均水位为 46.40 m，非汛期平均水位为 46.40 m（图 3.2-59）。

（3）磷矿镇–碾盘山坝上

碾盘山枢纽尚未建成，磷矿镇–碾盘山坝上断面全年平均水位 41.81 m，其中汛期平均水位为 42.12 m，非汛期平均水位为 42.12 m（图 3.2-60）。

（4）钟祥

钟祥断面全年平均水位 40.68 m，其中汛期平均水位为 40.99 m，非汛期平均水位为 40.99 m（图 4.2-61）。

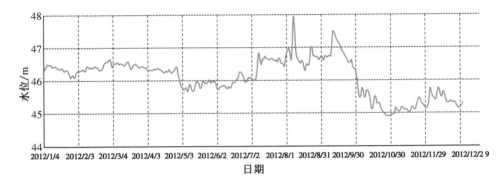

图 3.2-59　2012 年葛藤湾-雅口坝下断面水位变化曲线

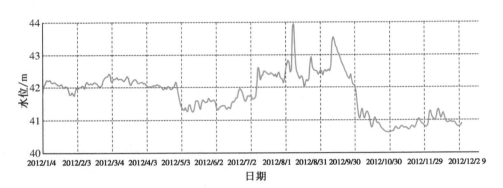

图 3.2-60　2012 年磷矿镇-碾盘山坝上断面水位变化曲线

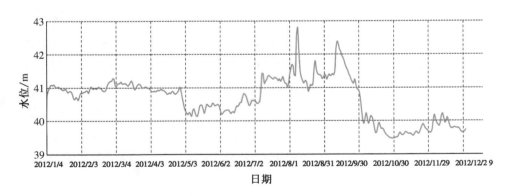

图 3.2-61　2012 年钟祥断面水位变化曲线

（5）马良镇

马良镇断面全年平均水位 35.58 m，其中汛期平均水位为 35.85 m，非汛期平均水位为 35.85 m（图 3.2-62）。

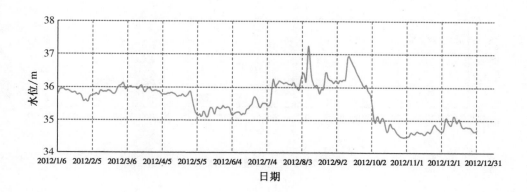

图 3.2-62　2012 年马良镇断面水位变化曲线

（6）汉江泽口码头

汉江泽口码头断面全年平均水位 32.58 m，其中汛期平均水位为 32.83 m，非汛期平均水位为 32.80 m（图 3.2-63）。

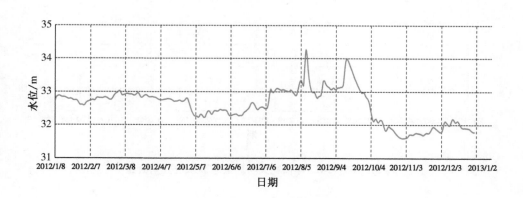

图 3.2-63　2012 年汉江泽口码头断面水位变化曲线

（7）岳口镇

岳口镇断面全年平均水位 28.82 m，其中汛期平均水位为 29.30 m，非汛期平均水位为 29.29 m（图3.2-64）。

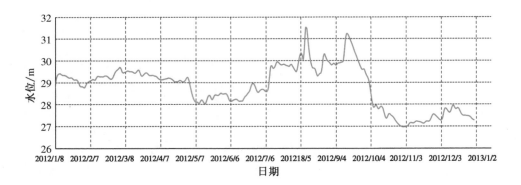

图3.2-64　2012年岳口镇断面水位变化曲线

（8）仙桃大桥附近

仙桃大桥附近断面全年平均水位 24.01 m，其中汛期平均水位为 25.07 m，非汛期平均水位为 24.11 m（图3.2-65）。

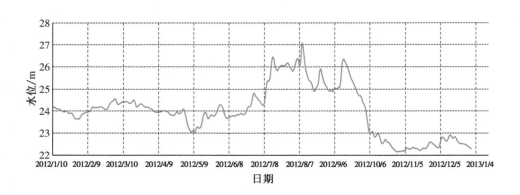

图3.2-65　2012年仙桃大桥附近断面水位变化曲线

3.2.3.2　2018年梯级开发各断面水位计算结果

（1）雅口坝上

雅口坝上断面全年平均水位 49.15 m，其中汛期平均水位为 49.93 m，非汛期平均水位为 48.99 m（图3.2-66）。

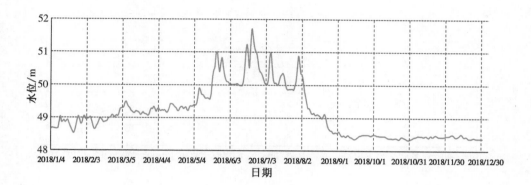

图 3.2-66 **2018 年雅口坝上断面水位变化曲线**

（2）葛藤湾-雅口坝下

葛藤湾-雅口坝下断面全年平均水位 45.85 m，其中汛期平均水位为
46.60 m，非汛期平均水位为 45.71 m（图 3.2-67）。

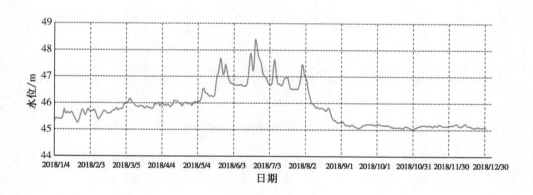

图 3.2-67 **2018 年葛藤湾-雅口坝下断面水位变化曲线**

（3）磷矿镇-碾盘山坝上

磷矿镇-碾盘山坝上断面全年平均水位 41.53 m，其中汛期平均水位为
42.41 m，非汛期平均水位为 41.30 m（图 3.2-68）。

（4）钟祥

钟祥断面全年平均水位 40.40 m，其中汛期平均水位为 41.28 m，非汛期
平均水位为 40.17 m（图 3.2-69）。

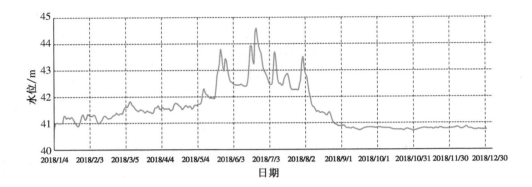

图 3.2-68　2018 年磷矿镇-碾盘山坝上断面水位变化曲线

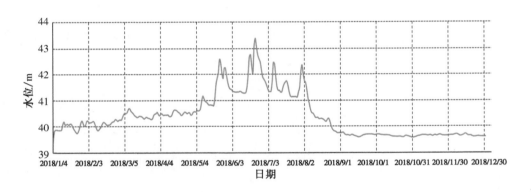

图 3.2-69　2018 年钟祥断面水位变化曲线

（5）马良镇

马良镇断面全年平均水位 35.28 m，其中汛期平均水位为 36.04 m，非汛期平均水位为 35.05 m（图 3.2-70）。

（6）汉江泽口码头

汉江泽口码头断面全年平均水位 32.32 m，其中汛期平均水位为 32.99 m，非汛期平均水位为 32.14 m（图 3.2-71）。

（7）岳口镇

岳口镇断面全年平均水位 28.30 m，其中汛期平均水位为 29.60 m，非汛期平均水位为 27.92 m（图 3.2-72）。

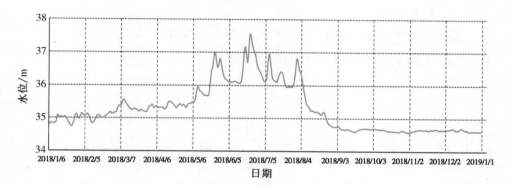

图 3.2-70　**2018 年马良镇断面水位变化曲线**

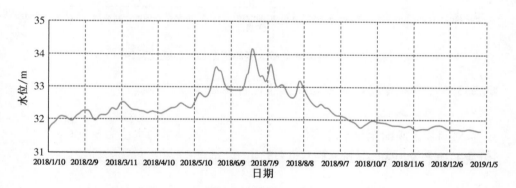

图 3.2-71　**2018 年汉江泽口码头断面水位变化曲线**

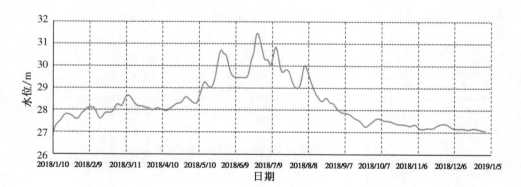

图 3.2-72　**2018 年岳口镇断面水位变化曲线**

（8）仙桃大桥

仙桃大桥附近断面全年平均水位 23.31 m，其中汛期平均水位为 24.91 m，非汛期平均水位为 22.81 m（图 3.2-73）。

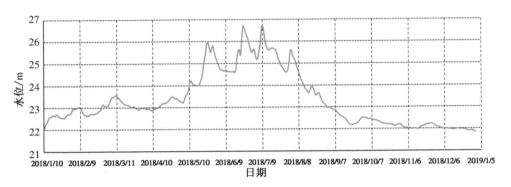

图 3.2-73　**2018 年仙桃大桥附近断面水位变化曲线**

3.2.3.3　2020 年梯级开发各断面水位计算结果

（1）雅口坝上

雅口坝上断面全年平均水位 49.18 m，其中汛期平均水位为 50.06 m，非汛期平均水位为 48.67 m（图 3.2-74）。

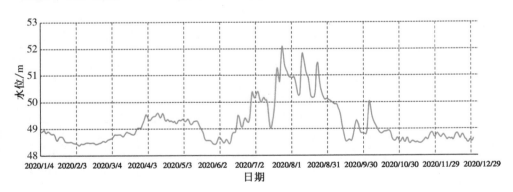

图 3.2-74　**2020 年雅口坝上断面水位变化曲线**

（2）葛藤湾-雅口坝下

葛藤湾-雅口坝下断面全年平均水位 45.89 m，其中汛期平均水位为 46.73 m，非汛期平均水位为 45.40 m（图 3.2-75）。

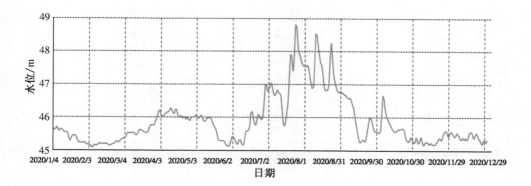

图 3.2-75 **2020 年葛藤湾-雅口坝下断面水位变化曲线**

（3）磷矿镇-碾盘山坝上

磷矿镇-碾盘山坝上断面全年平均水位 41.56 m，其中汛期平均水位为 42.57 m，非汛期平均水位为 41.00 m（图 3.2-76）。

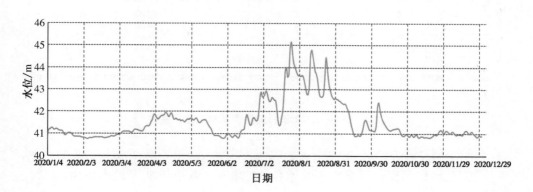

图 3.2-76 **2020 年磷矿镇-碾盘山坝上断面水位变化曲线**

（4）钟祥

钟祥断面全年平均水位 40.43 m，其中汛期平均水位为 41.43 m，非汛期平均水位为 39.86 m（图 3.2-77）。

（5）马良镇

马良镇断面全年平均水位 35.30 m，其中汛期平均水位为 36.11 m，非汛期平均水位为 34.83 m（图 3.2-78）。

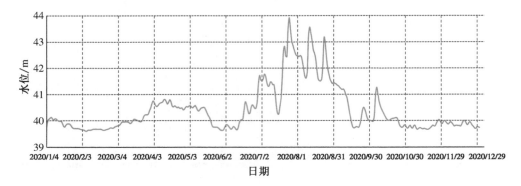

图 3.2-77　2020 年钟祥断面水位变化曲线

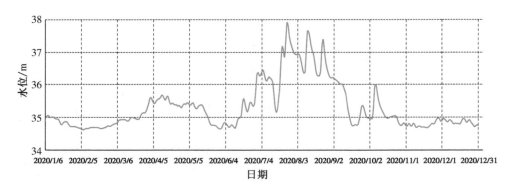

图 3.2-78　2020 年马良镇断面水位变化曲线

（6）汉江泽口码头

汉江泽口码头断面全年平均水位 32.38 m，其中汛期平均水位为 33.24 m，非汛期平均水位为 31.78 m（图 3.2-79）。

（7）岳口镇

岳口镇断面全年平均水位 28.42 m，其中汛期平均水位为 30.09 m，非汛期平均水位为 27.28 m（图 3.2-80）。

（8）仙桃大桥附近

仙桃大桥附近断面全年平均水位 23.80 m，其中汛期平均水位为 26.50 m，非汛期平均水位为 22.04 m（图 3.2-81）。

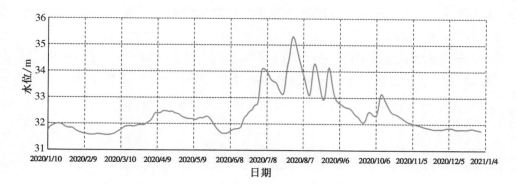

图 3.2-79 **2020 年汉江泽口码头断面水位变化曲线**

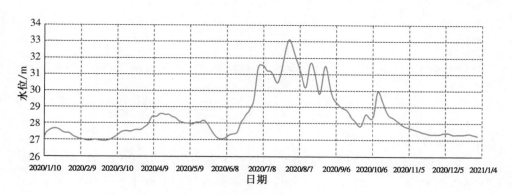

图 3.2-80 **2020 年岳口镇断面水位变化曲线**

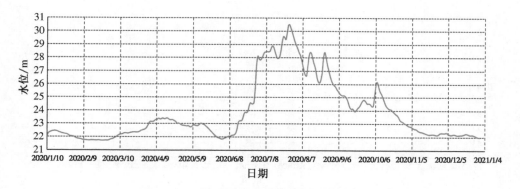

图 3.2-81 **2020 年仙桃大桥附近断面水位变化曲线**

3.2.3.4 雅口水利枢纽建成后各断面水位变化分析

（1）雅口坝上

雅口水利枢纽建成后，雅口坝上断面汛期（2021 年 6—8 月）平均水位为 52.38 m，该时段亦为四大家鱼产卵高峰期，非汛期（2022 年 1—3 月）平均水位为 54.13 m，该时段亦为易发生水华现象的时期（图 3.2-82）。

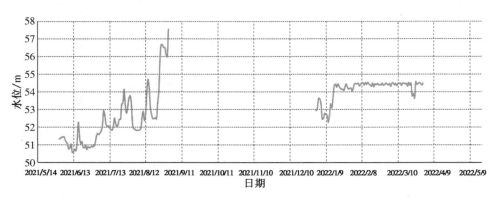

图 3.2-82　雅口水利枢纽建成后，雅口坝上断面水位变化曲线

（2）葛藤湾-雅口坝下

雅口航运枢纽建成后，葛藤湾-雅口坝下断面汛期（2021 年 6—8 月）平均水位为 47.25 m，该时段亦为四大家鱼产卵高峰期，非汛期（2022 年 1—3 月）平均流速为 46.13 m，该时段亦为易发生水华现象的时期（图 3.2-83）。

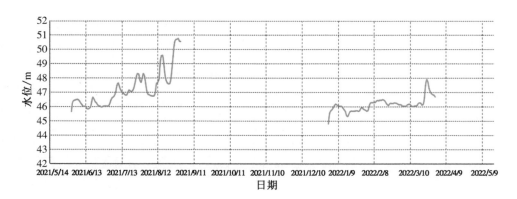

图 3.2-83　雅口航运枢纽建成后，葛藤湾-雅口坝下断面水位变化曲线

3.2.3.5　碾盘山水利枢纽建成后各断面水位变化分析

（1）磷矿镇-碾盘山坝上

碾盘山水利水电枢纽建成后，磷矿镇-碾盘山坝上断面非汛期（2023年1—3月）平均水位为 50.72 m，该时段亦为易发生水华现象的时期（图 3.2-84）。

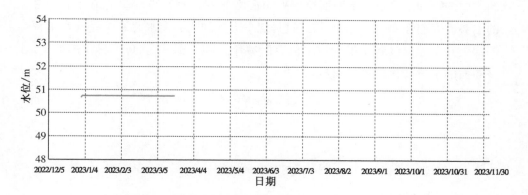

图 3.2-84　碾盘山水利水电枢纽建成后，磷矿镇-碾盘山坝上断面水位变化曲线

（2）钟祥

碾盘山水利水电枢纽建成后，钟祥断面非汛期（2023年1—3月）平均水位为 39.69 m，该时段亦为易发生水华现象的时期（图 3.2-85）。

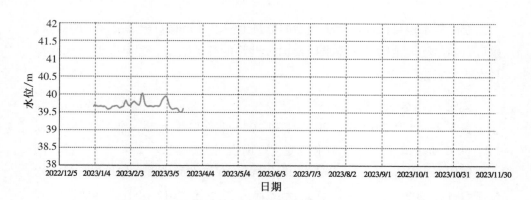

图 3.2-85　碾盘山水利水电枢纽建成后，钟祥断面水位变化曲线

3.2.3.6　各断面水位变化分析

1. 雅口坝上

（1）2012—2020 年全年水位变化分析

① 平均水位变化趋势

图 3.2-86 为 2012 年、2018 年和 2020 年雅口坝上断面全年平均水位变化图。由图可知，雅口坝上断面全年平均水位于 2012—2020 年呈先减小后持平的趋势。表明在 2012—2018 年经过丹江口大坝加高、南水北调中线调水工程等梯级开发后，该断面年平均水位有所减小，在 2018—2020 年累积影响下，该断面的水位变化趋势不明显。

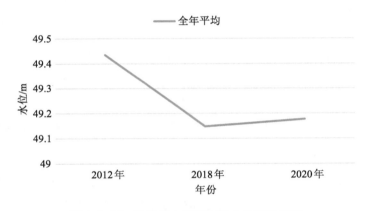

图 3.2-86　雅口坝上断面平均水位变化趋势

　　充足的水位可以满足水生生物的栖息地需求和植物对土壤含水量的需求，也可以满足陆地生物的水需求以及肉食动物的迁徙需求，并且能够影响水温和水体含氧量。

② 年极端水位变化趋势

表 3.2-49 为 2012 年、2018 年和 2020 年雅口坝上断面年均 1 d、3 d、7 d、30 d 和 90 d 最大、最小水位变化。由表可知，与 2012 年相比，雅口坝上的年均 1 d 最小、最大水位在 2018 年和 2020 年有所增大；年均多日最大水位于 2012—2020 年基本持续增大；基流指数于 2012—2018 年增大，于2018—2020 年减小。表明近 10 年间雅口坝上断面的极端水位发生变化，总体上该断面年极端水位变大。按常规来说，水利枢纽建成后由于蓄丰补枯、

削减洪峰的作用，河流断面最高水位应降低，最低水位应有所上升；但雅口坝上断面的最高水位呈上升趋势，最低水位变化趋势不稳定，这是由于所选时段距水利枢纽建成时间较近，无法准确地反映出水利枢纽下游水文特征，与完全正常运行期有所不同。由于雅口坝上断面年极端水位年均变化较显著，影响了河流生态系统的稳定性、河道地貌以及自然栖息地的构建，且由于最大极值（洪峰）变大，影响了河道和滞洪区之间的养分交换，利于满足植物群落的分布需要。

表 3.2-49 雅口坝上断面年极端水位

指标	2012 年	2018 年	2020 年
年均 1 d 最小水位	524.27	575.75	596.22
年均 3 d 最小水位	526.37	578.62	233.84
年均 7 d 最小水位	532.61	587.98	388.42
年均 30 d 最小水位	583.69	604.96	578.16
年均 90 d 最小水位	721.30	631.94	805.02
年均 1 d 最大水位	3 535.52	4 222.47	4 996.68
年均 3 d 最大水位	2 999.58	3 821.22	4 449.65
年均 7 d 最大水位	2 577.69	3 359.56	3 818.71
年均 30 d 最大水位	2 070.59	2 510.19	3 144.45
年均 90 d 最大水位	1 884.20	2 150.32	2 221.86
基流指数	0.41	0.51	0.33

注：水位单位为 m。

③ 年极端水位发生时间变化趋势

表 3.2-50 为 2012 年、2018 年和 2020 年雅口坝上断面年最大、最小水位出现时间。由表可知，2012—2018 年雅口坝上断面年最小水位出现时间基本一致，年最大水位出现时间提前；2018—2020 年雅口坝上断面年最小水位出现时间提前，年最大水位出现时间推后。以上说明近 10 年间年极端水位发生时间发生变化，影响河流生态系统。由于年极端水位的发生常伴随着鱼类等生物的产卵和繁殖行为，故极端水位的不确定会对生物的繁衍、栖息条件的变化及物种的进化产生很大程度的影响。

表 3.2-50 雅口坝上断面年极端水位发生时间

指标	2012 年	2018 年	2020 年
年最小水位出现时间/d	301	302	35
年最大水位出现时间/d	219	171	205

④ 水位改变率及逆转次数变化趋势

表 3.2-51 为 2012 年、2018 年和 2020 年雅口坝上断面水位改变率及逆转次数变化情况。由表可知，与 2012 年相比，雅口坝上的水位上升率在 2018 年和 2020 年有所减小，而 2020 年水位下降率有所增大；逆转次数于 2012—2020 年持续增大。这表明在累积作用下水利枢纽工程的建成对雅口坝上断面水位带来一定的影响，水位变化情况加剧。水位和水位的逆转次数会对河流生态环境的变化周期产生严重影响，特别是频繁的逆转，更可能会对水生生物以及周边植物的生存产生不可估量的影响。

表 3.2-51 雅口坝上断面水位改变率及逆转次数

指标	2012 年	2018 年	2020 年
上升率/（m/d）	166	157	156
下降率/（m/d）	192	190	202
逆转次数/次	223	230	244

（2）雅口成库前后该断面水位变化分析

图 3.2-87 为 2012—2022 年雅口坝上断面汛期、非汛期平均水位变化图。由图可知，雅口坝上断面汛期平均水位于 2012—2021 年持续增大，尤其是 2020—2021 年增幅明显；非汛期平均水位于 2012—2020 年持续减小，于 2021—2022 年转为增大。

雅口成库前，造成这一现象的原因可能在于丹江口水库、王甫洲水利枢纽和崔家营航电枢纽同时运行下在汛期蓄水，相应的水位有所抬升，非汛期补水，水位减小，相应的水位下降，这使得汛期和非汛期水位差异增大。

雅口成库后，由于该断面地处雅口坝上位置，在雅口枢纽的调节作用下，该断面汛期和非汛期的水位均有所增大，且两者的差距变小。结果表明，雅口坝上断面汛期、非汛期的水位在雅口航运枢纽的调节作用下具有明显改变。

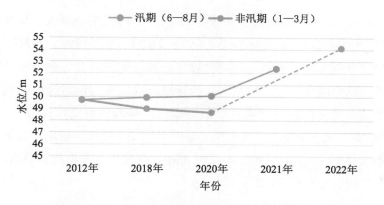

图 3.2-87　雅口坝上断面汛期、非汛期水位变化趋势

2. 葛藤湾-雅口坝下

（1）2012—2020 年全年水位变化分析

① 平均水位变化趋势

图 3.2-88 为 2012 年、2018 年和 2020 年葛藤湾-雅口坝下断面全年平均水位变化图。由图可知，葛藤湾-雅口坝下断面全年平均水位于 2012—2020 年呈先减小后持平的趋势。表明在 2012—2018 年经过丹江口大坝加高、南水北调中线调水工程等梯级开发后，该断面年平均水位有所减小，在 2018—2020 年累积影响下，该断面的水位变化趋势不明显。

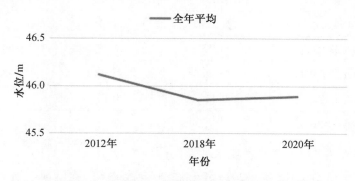

图 3.2-88　葛藤湾-雅口坝下断面平均水位变化趋势

② 年极端水位变化趋势

表 3.2-52 为 2012 年、2018 年和 2020 年葛藤湾-雅口坝下断面年均 1 d、3 d、7 d、30 d 和 90 d 最大、最小水位变化。由表可知，与 2012 年相比，雅

口坝上的年均1 d最小、最大水位在2018年和2020年有所增大；年均多日最大水位于2012—2020年有所波动；基流指数于2012—2018年无变化，于2018—2020年减小。表明近10年间葛藤湾-雅口坝下断面的极端水位发生变化，总体上该断面年极端水位变大。按常规来说，水利枢纽建成后由于蓄丰补枯、削减洪峰的作用，河流断面最高水位应降低，最低水位应有所上升；但葛藤湾-雅口坝下断面的最高水位、最低水位变化趋势不稳定，这是由于所选时段距水利枢纽建成时间较近，无法准确地反映出水利枢纽下游水文特征，与完全正常运行期有所不同。

表 3.2-52　葛藤湾-雅口坝下断面年极端水位

指标	2012 年	2018 年	2020 年
年均 1 d 最小水位	44.90	45.04	45.09
年均 3 d 最小水位	15.47	15.26	15.08
年均 7 d 最小水位	26.48	26.16	25.86
年均 30 d 最小水位	41.70	41.09	40.66
年均 90 d 最小水位	46.37	46.14	46.47
年均 1 d 最大水位	47.93	48.39	48.79
年均 3 d 最大水位	92.84	91.93	92.15
年均 7 d 最大水位	66.35	65.65	65.83
年均 30 d 最大水位	51.15	50.57	50.67
年均 90 d 最大水位	48.81	49.16	48.39
基流指数	0.57	0.57	0.56

注：水位单位为 m。

③ 年极端水位发生时间变化趋势

表 3.2-53 为 2012 年、2018 年和 2020 年葛藤湾-雅口坝下断面年最大、最小水位出现时间。由表可知，2012—2018 年葛藤湾-雅口坝下断面年最小水位出现时间基本一致，年最大水位出现时间提前；2020 年葛藤湾-雅口坝下断面年最小水位、年最大水位出现时间与 2012 年比均提前。以上说明近10 年间年极端水位发生时间发生变化，影响河流生态。

表 3.2-53　葛藤湾-雅口坝下断面年极端水位发生时间

指标	2012 年	2018 年	2020 年
年最小水位出现时间/d	302	304	36
年最大水位出现时间/d	220	172	206

④ 水位变化率及逆转次数变化趋势

表 3.2-54 为 2012 年、2018 年和 2020 年葛藤湾-雅口坝下断面水位改变率及逆转次数变化情况。由表可知，与 2012 年相比，葛藤湾-雅口坝下断面的水位上升率在 2018 年和 2020 年有所增大，而水位下降率有所减小；逆转次数于 2012—2020 年持续增大。这表明在累积作用下水利枢纽工程的建成对葛藤湾-雅口坝下断面水位带来一定的影响，水位变化情况加剧。

表 3.2-54　葛藤湾-雅口坝下断面水位改变率及逆转次数

指标	2012 年	2018 年	2020 年
上升率/（m/d）	155	156	158
下降率/（m/d）	206	195	200
逆转次数/次	226	227	247

（2）雅口成库前后该断面水位变化分析

图 3.2-89 为 2012—2022 年葛藤湾-雅口坝下断面汛期、非汛期平均水位变化图。由图可知，葛藤湾-雅口坝下断面汛期平均水位于 2012—2021 年持

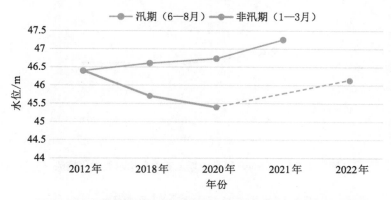

图 3.2-89　葛藤湾-雅口坝下断面汛期、非汛期水位变化趋势

续增大，尤其是 2020—2021 年增幅明显；非汛期平均水位于 2012—2020 年持续减小，于 2021—2022 年有所增大。

雅口成库前，造成这一现象的原因可能在于丹江口水库、王甫洲水利枢纽和崔家营航电枢纽同时运行下在汛期蓄水，相应的水位有所抬升，非汛期补水，水位减小，相应的水位下降，这使得汛期和非汛期水位差异增大。

雅口成库后，由于该断面地处雅口坝下位置，在雅口枢纽的调节作用下该断面汛期和非汛期的水位均有所改变，且两者的差距变大。结果表明，葛藤湾-雅口坝下断面的汛期、非汛期水位在雅口航运枢纽的调节作用下具有明显改变。

3. 磷矿镇-碾盘山坝上

（1）2012—2020 年全年水位变化分析

① 平均水位变化趋势

图 3.2-90 为 2012 年、2018 年和 2020 年磷矿镇-碾盘山坝上断面全年平均水位变化图。由图可知，磷矿镇-碾盘山坝上与雅口坝上断面全年平均水位变化趋势一致，于 2012—2020 年呈先减小后持平的趋势。表明在 2012—2018 年经过丹江口大坝加高、南水北调中线调水工程等梯级开发后，该断面年平均水位有所减小，在 2018—2020 年累积影响下，该断面的水位变化趋势不明显。

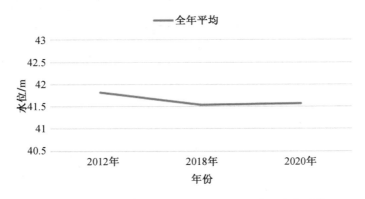

图 3.2-90　磷矿镇-碾盘山坝上断面平均水位变化趋势

② 年极端水位变化趋势

表 3.2-55 为 2012 年、2018 年和 2020 年磷矿镇-碾盘山坝上断面年均 1 d、3 d、7 d、30 d 和 90 d 最小、最大水位变化。由表可知,与 2012 年相比,雅口坝上断面的年均 1 d 最小、最大水位在 2018 年和 2020 年有所增大;基流指数于 2012—2018 年不变,于 2018—2020 年减小。表明近 10 年间磷矿镇-碾盘山坝上断面的极端水位发生变化,总体上该断面年极端水位变小。按常规来说,水利枢纽建成后由于蓄丰补枯、削减洪峰的作用,河流断面最高水位应降低,最低水位应有所上升;但磷矿镇-碾盘山坝上的最高水位、最低水位均减小,这是由于所选时段距水利枢纽建成时间较近,无法准确地反映出水利枢纽下游水文特征,与完全正常运行期有所不同。

表 3.2-55　磷矿镇-碾盘山坝上断面年极端水位

指标	2012 年	2018 年	2020 年
年均 1 d 最小水位	40.62	40.72	40.75
年均 3 d 最小水位	14.02	13.79	13.62
年均 7 d 最小水位	24.02	23.63	23.35
年均 30 d 最小水位	37.82	37.12	36.74
年均 90 d 最小水位	41.91	41.24	41.97
年均 1 d 最大水位	43.94	44.59	45.14
年均 3 d 最大水位	84.30	83.19	83.33
年均 7 d 最大水位	60.25	59.40	59.55
年均 30 d 最大水位	46.46	45.77	45.88
年均 90 d 最大水位	44.26	44.72	43.78
基流指数	0.57	0.57	0.56

注:水位单位为 m。

③ 年极端水位发生时间变化趋势

表 3.2-56 为 2012 年、2018 年和 2020 年磷矿镇-碾盘山坝上断面年最小、最大水位出现时间。由表可知,2012—2018 年磷矿镇-碾盘山坝上断面年最

小水位出现时间基本一致，年最大水位出现时间提前；2018—2020年磷矿镇-碾盘山坝上年最小水位出现时间提前，年最大水位出现时间推后。说明近10年间年极端水位发生时间发生变化，影响河流生态系统。

表 3.2-56　磷矿镇-碾盘山坝上断面年极端水位发生时间

指标	2012 年	2018 年	2020 年
年最小水位出现时间/d	302	304	37
年最大水位出现时间/d	221	173	207

④ 水位改变率及逆转次数变化趋势

表 3.2-57 为 2012 年、2018 年和 2020 年磷矿镇-碾盘山坝上断面水位改变率及逆转次数变化情况。由表可知，与 2012 年相比，磷矿镇-碾盘山坝上断面的水位上升率在 2018 年和 2020 年有所减小，2020 年水位下降率有所增大；逆转次数于 2012—2020 年持续增大。这表明在累积作用下水利枢纽工程的建成对磷矿镇-碾盘山坝上断面水位带来一定的影响。

表 3.2-57　磷矿镇-碾盘山坝上断面水位改变率及逆转次数

指标	2012 年	2018 年	2020 年
上升率/（m/d）	165	151	158
下降率/（m/d）	194	193	199
逆转次数/次	223	226	246

（2）碾盘山成库前后该断面水位变化分析

图 3.2-91 为 2012—2023 年磷矿镇-碾盘山坝上断面汛期、非汛期平均水位变化图。由图可知，磷矿镇-碾盘山坝上断面汛期平均水位于 2012—2020 年基本持平；非汛期平均水位于 2012—2020 年基本持平，于 2020—2023 年增幅明显。

碾盘山成库前，造成这一现象的原因可能在于丹江口水库、王甫洲水利枢纽和崔家营航电枢纽同时运行下在汛期蓄水，相应的水位有所抬升，非汛期补水，水位减小，相应的水位下降，这使得汛期和非汛期水位差异略有增大。

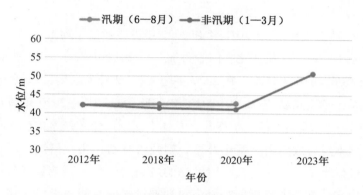

图 3.2-91 磷矿镇-碾盘山坝上断面汛期、非汛期水位变化趋势

碾盘山成库后，由于该断面地处碾盘山坝上位置，在碾盘山枢纽的调节作用下，该断面非汛期的水位有所增大。结果表明，磷矿镇-碾盘山坝上断面非汛期的水位在碾盘山水利水电枢纽的调节作用下发生明显改变。

4. 钟祥

（1）2012—2020 年全年水位变化分析

① 平均水位变化趋势

图 3.2-92 为 2012 年、2018 年和 2020 年钟祥断面全年平均水位变化图。由图可知，钟祥断面与雅口坝上断面全年平均水位变化趋势一致，于 2012—2020 年呈先减小后持平的趋势。表明在 2012—2018 年经过丹江口大坝加高、南水北调中线调水工程等梯级开发后，该断面年平均水位有所减小，在 2018—2020 年累积影响下，该断面的水位变化趋势不明显。

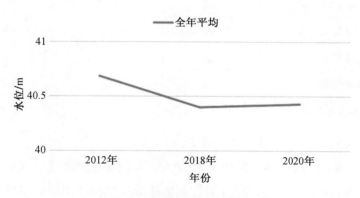

图 3.2-92 钟祥断面平均水位变化趋势

② 年极端水位变化趋势

表 3.2-58 为 2012 年、2018 年和 2020 年钟祥断面年均 1 d、3 d、7 d、30 d 和 90 d 最小、最大水位变化。由表可知，与 2012 年相比，钟祥断面的年均 1 d 最小水位在 2018 年减小，在 2020 年增大，1 d 最大水位在 2018 年和 2020 年有所增大；基流指数于 2012—2018 年不变，于 2018—2020 年减小。表明近 10 年间钟祥的极端水位发生变化，总体上该断面年极端水位变大。按常规来说，水利枢纽建成后由于蓄丰补枯、削减洪峰的作用，河流断面最高水位应降低，最低水位应有所上升；但钟祥的最高水位呈上升趋势，最低水位变化趋势不稳定，这是由于所选时段距水利枢纽建成时间较近，无法准确地反映出水利枢纽下游水文特征，与完全正常运行期有所不同。

表 3.2-58　钟祥断面年极端水位

指标	2012 年	2018 年	2020 年
年均 1 d 最小水位	39.47	39.24	39.60
年均 3 d 最小水位	13.63	13.42	13.24
年均 7 d 最小水位	23.39	23.00	22.70
年均 30 d 最小水位	36.80	36.10	35.70
年均 90 d 最小水位	40.76	40.52	40.82
年均 1 d 最大水位	42.80	43.38	43.92
年均 3 d 最大水位	82.07	80.98	81.19
年均 7 d 最大水位	58.63	57.82	58.00
年均 30 d 最大水位	45.22	44.55	44.66
年均 90 d 最大水位	43.08	43.52	42.60
基流指数	0.57	0.57	0.56

注：水位单位为 m。

③ 年极端水位发生时间变化趋势

表 3.2-59 为 2012 年、2018 年和 2020 年钟祥断面年最小、最大水位出现时间。由表可知，2012—2018 年钟祥断面年最小水位、年最大水位出现时间

提前；2018—2020 年钟祥断面年最小水位、年最大水位出现时间均推后。说明近 10 年间年极端水位发生时间发生变化，影响河流生态系统。

表 3.2-59　钟祥断面年极端水位发生时间

指标	2012 年	2018 年	2020 年
年最小水位出现时间/d	303	4	37
年最大水位出现时间/d	221	173	207

④ 水位改变率及逆转次数变化趋势

表 3.2-60 为 2012 年、2018 年和 2020 年钟祥断面水位改变率及逆转次数变化情况。由表可知，与 2012 年相比，钟祥断面的水位上升率在 2018 年和 2020 年有所减小，而水位下降率于 2018 年减小，于 2020 年有所增大；逆转次数于 2012—2020 年持续增大。这表明在累积作用下水利枢纽工程的建成对钟祥断面水位带来一定的影响，水位变化情况加剧。

表 3.2-60　水位变化改变率及频率

指标	2012 年	2018 年	2020 年
上升率/（m/d）	167	157	156
下降率/（m/d）	194	189	205
逆转次数/次	230	234	253

（2）碾盘山成库前后该断面流速变化分析

图 3.2-93 为 2012—2023 年钟祥断面汛期、非汛期平均水位变化图。由图可知，钟祥断面汛期平均水位于 2012—2020 年持续增大；非汛期平均水位于 2012—2023 年持续减小。

碾盘山成库前，造成这一现象的原因可能在于丹江口水库、王甫洲水利枢纽和崔家营航电枢纽同时运行下在汛期蓄水，相应的水位有所抬升，非汛期补水，水位减小，相应的水位下降，这使得汛期和非汛期水位差异增大。

碾盘山成库后，由于该断面地处碾盘山坝下位置，在碾盘山枢纽的调节作用下该断面非汛期的水位有所减小。结果表明，钟祥断面非汛期的水位变化在碾盘山水利水电枢纽的调节作用下，发生改变。

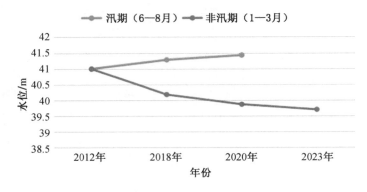

图 3.2-93　钟祥断面汛期、非汛期水位变化趋势

5. 马良镇

（1）平均水位变化趋势

图 3.2-94 为 2012 年、2018 年和 2020 年马良镇断面全年平均水位和汛期、非汛期平均水位变化图。由图可知，马良镇与雅口坝上断面全年平均水位变化趋势一致，于 2012—2020 年呈先减小后持平的趋势；汛期平均水位于2012—2020 年增大；非汛期平均水位于 2012—2020 年持续减小。结合水位变化特性，造成这一现象的原因可能为丹江口水库、王甫洲水利枢纽和崔家营航电枢纽同时运行下在汛期蓄水，水位增加，相应的水位有所抬升，非汛期补水，水位减小，相应的水位下降，这使得汛期和非汛期水位差异增大，且汛期水位始终高于非汛期水位，表明近 10 年间水利枢纽工程对马良镇断面的水位具有一定的调节作用。

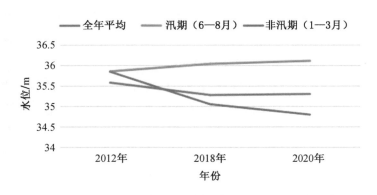

图 3.2-94　马良镇断面平均水位变化趋势

（2）年极端水位变化趋势

表 3.2-61 为 2012 年、2018 年和 2020 年马良镇断面年均 1 d、3 d、7 d、30 d 和 90 d 最小、最大水位变化。由表可知，与 2012 年相比，马良镇断面的年均 1 d 最小水位在 2018 年和 2020 年减小，最大水位在 2018 年和 2020 年有所增大；基流指数于 2012—2020 年减小。以上表明近 10 年间马良镇的极端水位发生变化，总体上该断面年极端水位变小。按常规来说，水利枢纽建成后由于蓄丰补枯、削减洪峰的作用，河流断面最高水位应降低，最低水位应有所上升；但马良镇断面的最高水位、最低水位变化趋势不稳定，这是由于所选时段距水利枢纽建成时间较近，无法准确地反映出水利枢纽下游水文特征，与完全正常运行期有所不同。

表 3.2-61　马良镇断面年极端水位

指标	2012 年	2018 年	2020 年
年均 1 d 最小水位	33.72	31.40	31.40
年均 3 d 最小水位	11.93	11.71	11.57
年均 7 d 最小水位	20.47	20.09	19.84
年均 30 d 最小水位	32.21	31.54	31.20
年均 90 d 最小水位	35.63	35.41	35.67
年均 1 d 最大水位	37.23	37.55	37.90
年均 3 d 最大水位	71.83	70.73	70.87
年均 7 d 最大水位	51.32	50.50	50.64
年均 30 d 最大水位	39.58	38.91	39.01
年均 90 d 最大水位	37.69	37.97	37.21
基流指数	0.58	0.57	0.56

注：水位单位为 m。

（3）年极端水位发生时间变化趋势

表 3.2-62 为 2012 年、2018 年和 2020 年马良镇断面年最小、最大水位出现时间。由表可知，2012—2018 年马良镇年最小水位出现时间不变，年最大

水位出现时间提前；2018—2020 年马良镇年最小水位出现时间不变，年最大水位出现时间推后。以上说明近 10 年间年极端水位发生时间发生变化，影响河流生态系统。

表 3.2-62　马良镇断面年极端水位发生时间

指标	2012 年	2018 年	2020 年
年最小水位出现时间（d）	4	4	4
年最大水位出现时间（d）	221	173	207

④ 水位改变率及逆转次数变化趋势

表 3.2-63 为 2012 年、2018 年和 2020 年马良镇断面水位改变率及逆转次数变化情况。由表可知，与 2012 年相比，马良镇断面的水位上升率在 2018 年和 2020 年有所减小，而水位下降率在 2020 年有所增大；逆转次数于 2012—2020 年持续增大。这表明在累积作用下水利枢纽工程的建成对马良镇水位带来一定的影响，水位变化情况加剧。

表 3.2-63　马良镇断面水位改变率及逆转次数

指标	2012 年	2018 年	2020 年
上升率/（m/d）	163	156	161
下降率/（m/d）	192	191	197
逆转次数/次	239	244	257

6. 汉江泽口码头

（1）平均水位变化趋势

图 3.2-95 为 2012 年、2018 年和 2020 年汉江泽口码头断面全年平均水位和汛期、非汛期平均水位变化图。由图可知，汉江泽口码头与雅口坝上断面全年平均水位变化趋势一致，于 2012—2020 年呈先减小后持平的趋势；汛期平均水位于 2012—2020 年增大；非汛期平均水位于 2012—2020 年持续减小。结合水位变化特性，造成这一现象的原因可能为丹江口水库、王甫洲水利枢纽和崔家营航电枢纽同时运行下在汛期蓄水，水位增加，相应的水位有所抬升，非汛期补水，水位减小，相应的水位下降，这使得汛期和非汛期水位差

异增大，且汛期水位始终高于非汛期水位，表明近10年间水利枢纽工程对汉江泽口码头断面的水位具有一定的调节作用。

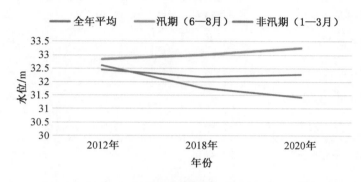

图3.2-95 汉江泽口码头断面平均水位变化趋势

（2）年极端水位变化趋势

表3.2-64为2012年、2018年和2020年汉江泽口码头断面年均1d、3d、7d、30d和90d最小、最大水位变化。由表可知，与2012年相比，汉江泽口码头断面的年均1d最小水位在2012—2018年减少、2018—2020年增大，最大水位于2020年有所增大；基流指数于2012—2020年减小。表明近10年间汉江泽口码头断面的极端水位发生变化，总体上该断面年极端水位变小。按常规来说，水利枢纽建成后由于蓄丰补枯、削减洪峰的作用，河流断面最高水位应降低，最低水位应有所上升；但汉江泽口码头断面的最高水位、最低水位整体呈下降趋势，这是由于所选时段距水利枢纽建成时间较近，无法准确地反映出水利枢纽下游水文特征，与完全正常运行期有所不同。

表3.2-64 汉江泽口码头断面年极端水位

指标	2012年	2018年	2020年
年均1d最小水位	31.50	30.60	31.57
年均3d最小水位	10.97	10.73	10.52
年均7d最小水位	18.77	18.37	18.04
年均30d最小水位	29.50	28.93	28.44

（续表）

指标	2012 年	2018 年	2020 年
年均 90 d 最小水位	32.63	32.49	32.51
年均 1 d 最大水位	34.25	34.16	35.32
年均 3 d 最大水位	65.66	64.43	64.15
年均 7 d 最大水位	46.93	46.04	45.98
年均 30 d 最大水位	36.19	35.56	35.58
年均 90 d 最大水位	34.49	34.62	34.19
基流指数	0.58	0.57	0.56

注：水位单位为 m。

（3）年极端水位发生时间变化趋势

表 3.2-65 为 2012 年、2018 年和 2020 年汉江泽口码头断面年最小、最大水位出现时间。由表可知，2018—2020 年汉江泽口码头年断面最小水位出现时间、年最大水位出现时间推后。说明近 10 年间年极端水位发生时间发生变化，影响河流生态系统。

表 3.2-65 汉江泽口码头断面年极端水位发生时间

指标	2012 年	2018 年	2020 年
年最小水位出现时间/d	6	8	59
年最大水位出现时间/d	222	177	211

（4）水位改变率及逆转次数变化趋势

表 3.2-66 为 2012 年、2018 年和 2020 年汉江泽口码头断面水位改变率及逆转次数变化情况。由表可知，与 2012 年相比，汉江泽口码头断面的水位上升率在 2018 年和 2020 年有所减小，而水位下降率于 2020 年有所增大；逆转次数于 2012—2020 年持续增大。这表明在累积作用下水利枢纽工程的建成对汉江泽口码头断面水位带来一定的影响，水位变化情况加剧。

表 3.2-66　汉江泽口码头断面水位改变率及逆转次数

指标	2012 年	2018 年	2020 年
上升率/（m/d）	155	148	137
下降率/（m/d）	199	199	208
逆转次数/次	253	299	306

7. 岳口镇

（1）平均水位变化趋势

图 3.2-96 为 2012 年、2018 年和 2020 年岳口镇断面全年平均水位和汛期、非汛期平均水位变化图。由图可知，岳口镇与雅口坝上断面全年平均水位变化趋势一致，于 2012—2020 年呈先减小后持平的趋势；汛期平均水位于 2012—2020 年增大；非汛期平均水位于 2012—2020 年持续减小。结合水位变化特性，造成这一现象的原因可能为丹江口水库、王甫洲水利枢纽和崔家营航电枢纽同时运行下在汛期蓄水，水位增加，相应的水位有所抬升，非汛期补水，水位减小，相应的水位下降，这使得汛期和非汛期水位差异增大，且汛期水位始终高于非汛期水位，表明近 10 年间水利枢纽工程对岳口镇断面的水位具有一定的调节作用。

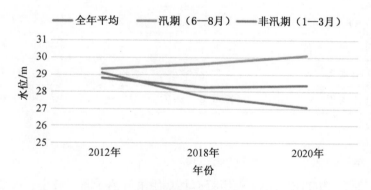

图 3.2-96　岳口镇断面平均水位变化趋势

（2）年极端水位变化趋势

表 3.2-67 为 2012 年、2018 年和 2020 年汉江泽口码头断面年均 1 d、3 d、7 d、30 d 和 90 d 最大、最小水位变化。由表可知，与 2012 年相比，岳

口镇的年均 1 d 最小在 2018 年和 2020 年有所减小,最大水位于 2020 年增大;基流指数于 2012—2020 年减小。表明近 10 年间岳口镇断面的极端水位发生变化,总体上该断面年极端水位变小。按常规来说,水利枢纽建成后由于蓄丰补枯、削减洪峰的作用,河流断面最高水位应降低,最低水位应有所上升;但岳口镇断面的最高水位变化趋势不稳定,最低水位呈下降趋势,这是由于所选时段距水利枢纽建成时间较近,无法准确地反映出水利枢纽下游水文特征,与完全正常运行期有所不同。

表 3.2-67 岳口镇断面年极端水位

指标	2012 年	2018 年	2020 年
年均 1 d 最小水位	23.66	23.61	23.61
年均 3 d 最小水位	9.82	9.31	8.98
年均 7 d 最小水位	16.75	15.94	15.39
年均 30 d 最小水位	26.27	25.11	24.27
年均 90 d 最小水位	28.14	27.89	27.90
年均 1 d 最大水位	31.52	31.46	33.12
年均 3 d 最大水位	58.63	56.05	55.53
年均 7 d 最大水位	41.94	40.07	39.94
年均 30 d 最大水位	32.40	31.07	31.66
年均 90 d 最大水位	30.59	30.80	31.18
基流指数	0.58	0.56	0.54

注:水位单位为 m。

(3)年极端水位发生时间变化趋势

表 3.2-68 为 2012 年、2018 年和 2020 年岳口镇断面年最小、最大水位出现时间。由表可知,2012—2018 年岳口镇断面年最小水位出现时间推后,年最大水位出现时间提前;2018—2020 年岳口镇断面年最小水位出现时间不变,年最大水位出现时间推后。以上说明近 10 年间年极端水位发生时间发生变化,影响河流生态系统。

表 3.2-68 岳口镇断面年极端水位发生时间

指标	2012 年	2018 年	2020 年
年最小水位出现时间/d	6	8	8
年最大水位出现时间/d	222	178	211

（4）水位改变率及逆转次数变化趋势

表 3.2-69 为 2012 年、2018 年和 2020 年岳口镇断面水位改变率及逆转次数变化情况。由表可知，与 2012 年相比，岳口镇断面的水位上升率在 2018 年和 2020 年有所减小，而水位下降率有所增大；逆转次数于 2012—2018 年增大，于 2018—2020 年减小。这表明在累积作用下水利枢纽工程的建成对岳口镇断面水位带来一定的影响，水位变化情况加剧。

表 3.2-69 水位变化改变率及频率

指标	2012 年	2018 年	2020 年
上升率/（m/d）	160	148	145
下降率/（m/d）	201	209	206
逆转次数/次	267	311	309

8. 仙桃大桥附近

（1）平均水位变化趋势

图 3.2-97 为 2012 年、2018 年和 2020 年仙桃大桥附近断面全年平均水位和汛期、非汛期平均水位变化图。由图可知，仙桃大桥附近与雅口坝上断面全年平均水位变化趋势一致，于 2012—2020 年呈先减小后持平的趋势；汛期平均水位于 2012—2018 年有所减小，于 2018—2020 年增大；非汛期平均水位于 2012—2020 年持续减小。结合水位变化特性，造成这一现象的原因可能为丹江口水库、王甫洲水利枢纽和崔家营航电枢纽同时运行下在汛期蓄水，水位增加，相应的水位有所抬升，非汛期补水，水位减小，相应的水位下降，这使得汛期和非汛期水位差异增大，且汛期水位始终高于非汛期水位，表明近 10 年间水利枢纽工程对仙桃大桥附近断面的水位具有一定的调节作用。

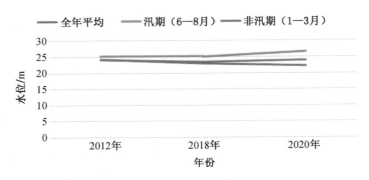

图 3.2-97　仙桃大桥附近断面平均水位变化趋势

（2）年极端水位变化趋势

表 3.2-70 为 2012 年、2018 年和 2020 年仙桃大桥附近断面年均 1 d、3 d、7 d、30 d 和 90 d 最大、最小水位变化。由表可知，与 2012 年相比，仙桃大桥附近断面的年均 1 d 最小水位在 2018 年和 2020 年有所减小，最大水位于 2018 年减小，2020 年增大；年均多日最小水位于 2012—2020 年有所波动但基本呈减小趋势，基流指数于 2012—2020 年减小。表明近 10 年间仙桃大桥的极端水位发生变化，总体上该断面年极端水位变小。按常规来说，水利枢纽建成后由于蓄丰补枯、削减洪峰的作用，河流断面最高水位应降低，最低水位应有所上升；但仙桃大桥的最高水位变化趋势不稳定，最低水位呈下降趋势，这是由于所选时段距水利枢纽建成时间较近，无法准确地反映出水利枢纽下游水文特征，与完全正常运行期有所不同。

表 3.2-70　仙桃大桥附近断面年极端水位

指标	2012 年	2018 年	2020 年
年均 1 d 最小水位	22.16	21.54	21.38
年均 3 d 最小水位	8.12	7.71	7.24
年均 7 d 最小水位	13.83	13.11	12.42
年均 30 d 最小水位	21.65	20.55	19.58
年均 90 d 最小水位	23.10	22.62	22.42
年均 1 d 最大水位	27.06	26.73	30.50
年均 3 d 最大水位	48.29	45.94	45.51

指标	2012 年	2018 年	2020 年
年均 7 d 最大水位	34.56	32.82	32.75
年均 30 d 最大水位	26.76	25.87	28.97
年均 90 d 最大水位	26.07	25.76	27.71
基流指数	0.58	0.56	0.52

注：水位单位为 m。

（3）年极端水位发生时间变化趋势

表 3.2-71 为 2012 年、2018 年和 2020 年仙桃大桥附近断面年最小、最大水位出现时间。由表可知，2012—2018 年仙桃大桥附近断面年最小水位出现时间不变，年最大水位出现时间提前，说明近 10 年间年极端水位发生时间发生变化，影响河流生态系统。

表 3.2-71 仙桃大桥附近断面年极端水位发生时间

指标	2012 年	2018 年	2020 年
年最小水位出现时间/d	303	4	4
年最大水位出现时间/d	222	190	209

（4）水位改变率及逆转次数变化趋势

表 3.2-72 为 2012 年、2018 年和 2020 年仙桃大桥附近断面水位改变率及逆转次数变化情况。由表可知，与 2012 年相比，仙桃大桥附近断面的水位上升率在 2020 年有所减小，而水位下降率于 2020 年有所增大；逆转次数于 2012—2020 年持续增大。这表明在累积作用下水利枢纽工程的建成对仙桃大桥附近断面水位带来一定的影响，水位变化情况加剧。

表 3.2-72 水位变化改变率及频率

指标	2012 年	2018 年	2020 年
上升率/（m/d）	155	159	153
下降率/（m/d）	201	199	209
逆转次数（次）	256	263	290

3.2.3.7 小结

水利枢纽工程的建设，将影响汉江中下游干流水动力特性。以 2012 年、2018 年、2020 年、雅口航运枢纽和碾盘山水利水电枢纽建成后等多种不同情景作为对比，采用一维水动力模型对汉江中下游代表性断面的水位变化进行模拟。

结果显示，梯级开发对各河段水位存在一定影响：

2012—2018 年，在丹江口水库、王甫洲水利枢纽和崔家营航电枢纽同时运行的基础上，经过南水北调中线工程调水（调水量约 69 亿 m³/a），以及丹江口大坝加高、兴隆水利枢纽兴建等工程的实施，各断面全年平均水位有所减小，变化幅度为 0.6%~2.9%，同年汛期水位增大而非汛期水位减小，年极端最小水位、最大水位均有所改变，年最小水位出现时间基本一致，年最大水位出现时间提前，水位上升率、下降率改变，水位逆转次数增大。

2018—2020 年，丹江口水库、王甫洲、崔家营、兴隆四个枢纽业已建成并正常运行，在此期间，南水北调中线工程进一步调水（调水量约 86.22 亿 m³/a），引江济汉工程正常运行（调水量约 35.87 亿 m³）。与 2018 年相比，2020 年各断面水位变化趋势相似，全年平均水位基本持平略有增大，变化幅度在 0.1%~2.1%。在此期间雅口坝上断面全年平均水位基本持平略有增大，同年汛期水位增大而非汛期水位减小，年极端最小水位变化趋势不稳定、最大水位有所增加，年最小水位出现时间提前，年最大水位出现时间推后，水位上升率减小而下降率增大，水位逆转次数增大。而雅口坝下各断面出现几乎同步的变化趋势。

2022 年初，雅口航运枢纽完成蓄水，南水北调中线工程进一步调水（调水量约 90 亿 m³/a），受其影响，雅口坝上断面汛期平均水位增大，达 52.38 m，增大幅度为 4.6%；非汛期平均水位增大，达 54.13 m，增大幅度为 11.2%。表明在雅口枢纽的调节作用下，汛期和非汛期水位的浮动与雅口成库息息相关，其坝上、坝上断面水位均发生变化，其中坝上断面在 6—8 月汛期及 1—3 月非汛期时段水位过程均受到较大的影响。

2023 年初，碾盘山水利水电枢纽完成一期蓄水，南水北调中线工程进一步调水（调水量约 90 亿 m³/a），受其影响，磷矿镇-碾盘山坝上断面非汛期水位有所增大，达 47.25 m，增大幅度 1.1%；钟祥断面非汛期水位有所减小，达 46.13 m，增大幅度 1.6%。表明受到碾盘山水利水电枢纽的影响，碾盘山坝上水位变化尤其明显。

综上所述，汉江中下游水位的变化在水利工程的梯级开发下具有一定的规律性，水利枢纽工程起到汛期蓄水、非汛期下泄的作用，加剧了水位变化的次数，调节了年极端水位发生时间的灵活性。

3.3 对水温累积效应分析

丹江口水库为稳定分层型水库，由图 3.3-1 可以看出，受丹江口下泄低温水影响最大的主要是下游 6 km 处的黄家港站，余家湖站以下受水温影响程度减弱。以黄家港站为例，丹江口大坝加高后其下泄的低温水使得黄家港水文站测得的水温年均降低 1.85 ℃；4—10 月水温下降，平均降低 1.0 ~ 6.7 ℃；其他 5 个月水温上升，平均上升 1.1 ℃，最高 1.9 ℃。余家湖站、皇庄站月均变化基本一致，变幅程度小于黄家港站，年均降低 0.24 ℃、0.07 ℃，余家湖站 5—10 月份下降，平均下降 0.6 ℃，11—4 月份上升，平均上升 1.11 ℃，皇庄站 5—11 月份下降，平均下降 0.6 ℃，12—4 月份上升，平均上升 0.76 ℃。兴隆以下河段变化不明显（图 3.2-2）。

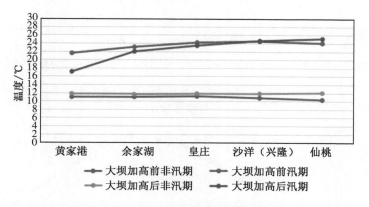

图 3.3-1 汉江中下游干流水温沿程变化

汛期下泄低温水进一步导致下游水温降低，对丹江口—襄阳段水生生物的种群结构及大坝下游的鱼类产卵场产生了一定的影响，对兴隆以下河段影响不大，仙桃站所测水温有升高趋势，可能与引江济汉工程调水有关。

王甫洲、崔家营、兴隆以及雅口水利枢纽建成后未产生水温分层现象，库内水体温度主要与上游来水水温（丹江口下泄水温）和气温有关，对工农业和生活用水以及水生生物生存条件不会产生显著影响。

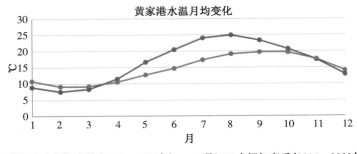

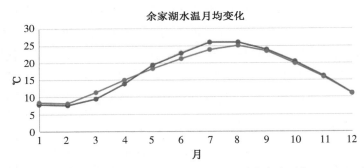

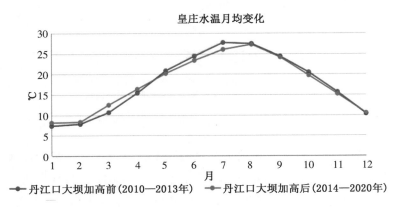

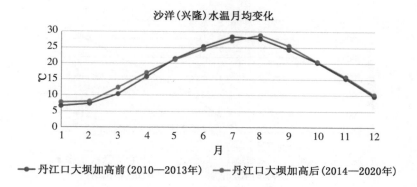

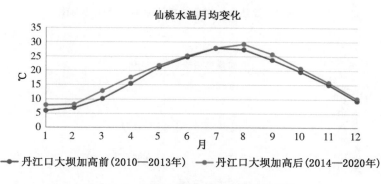

图 3.3-2 汉江中下游干流水温月均变化

3.4 对泥沙累积效应分析

梯级水库改变了下游河段来水来沙过程，对下游河流产生再造河床的作用，使得河床会发生一系列变化。通过分析近 10 年各水文站输沙率变化发现，输沙率沿程变化随着距离丹江口库区增加而增大，距离丹江口库区最近的黄家港站输沙率最低，丹江口大坝加高及南水北调中线工程运行后，各水文站测得的输沙率均有较大幅度降低（与流量减少有关）（图 3.4-1）。

通过比较各水文站年内输沙率变化分布（图 3.4-2），可以看出，非汛期输沙率普遍较低，由于丹江口库区的拦截作用，黄家港站非汛期输沙率最低为 0，汛期输沙率较小，不超过 45 kg/s，主要集中在 7—9 月份。

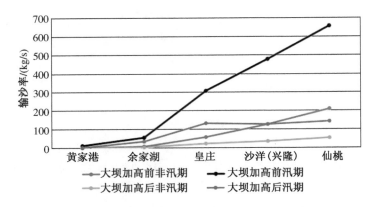

图 3.4-1 汉江中下游干流输沙率沿程变化分布图

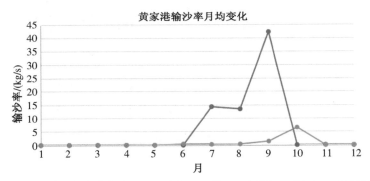

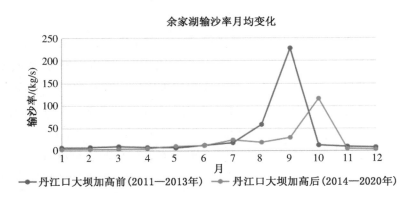

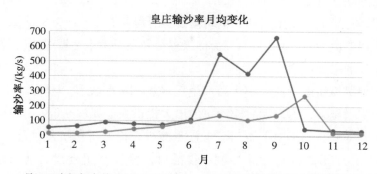

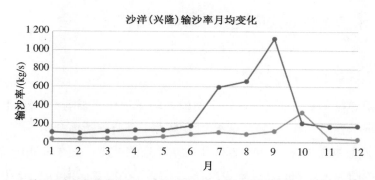

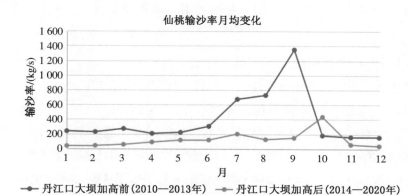

图 3.4-2　汉江中下游干流各水文站输沙率月均变化分布图

黄家港站下游输沙率随流程的增加而增加，丹江口大坝加高对南水北调中线工程运行影响程度也增加，汛期输沙率沿程差值为 60~386 kg/s，非汛期输沙率沿程差值为 40~123 kg/s，受梯级枢纽开发及南水北调中线工程调水影响也随流程的增加而增加。

（1）梯级枢纽运行前，中下游河道已经淤积大量泥沙，越靠近下游，河道泥沙淤积量越多，为建库后输沙率的增大提供大量泥沙来源；（2）水库阻拦大量泥沙下泄，利于中下游河流含沙量减少，提升下游抗侵蚀能力、输沙能力；（3）中下游河道发生冲刷、侵蚀后，输沙率随流程的增加而增加；（4）受调水的影响，下泄流量减少，导致输沙率差值随流程的增加而增加。

3.5 对水质累积效应研究

3.5.1 水质时间变化分析

为阐明梯级开发工程对汉江中下游流域的累积环境影响，课题组收集了丹江口坝下、襄阳（临汉门）、仙桃和集家嘴 4 个监测断面 2010—2019 年共 10 年的水质监测数据和 2016—2022 年的水质监测数据。其中 2016—2019 年的水质监测断面为宗关、转斗、罗汉闸、黄庄、小河、汉南村和岳口，2020 年和 2022 年新增沈湾、白家湾和余家湖 3 个断面。参照国家《地表水环境质量标准》（GB 3838—2002）初步判断监测断面水质状况，了解其主要污染因子。

3.5.1.1 兴隆水利枢纽上下游对比分析

将各断面历年监测指标作图，分析其年际变化情况如下。

图 3.5-1 为高锰酸盐指数（COD_{Mn}）变化情况，COD_{Mn} 变化范围为 1.62~3.04 mg/L，均低于 Ⅱ 类水质标准值，年际变化范围不大，表明水体有机污染程度不严重，水质较好。仙桃断面在 2011 年出现峰值，为 3.039 mg/L，2012—2019 年之间 COD_{Mn} 基本处于稳定状态。襄阳和丹江口坝下断面 2012—2019 年之间整体数值较低。2012—2019 年丹江口坝下、襄阳、仙桃 3 个断面 COD_{Mn} 均呈现低值，其中丹江口坝下断面在 2013—2017 年之间满足 Ⅰ 类水质标准，襄阳断面在 2014—2018 年之间满足 Ⅰ 类水质标准，仙

桃和集家嘴断面在研究期间均超出Ⅰ类水质标准。从空间上来看，兴隆水利枢纽下游的仙桃和集家嘴断面 COD_{Mn} 略高于其上游的丹江口坝下和襄阳断面，表明下游有机负荷较上游来说略高。

图 3.5-1　兴隆水利枢纽上下游 COD_{Mn} 变化情况

图 3.5-2 为总磷浓度变化情况，总磷浓度变化范围为 0.002 9~0.1 mg/L，年际变化范围不大，位于兴隆水利枢纽下游的仙桃和集家嘴断面总磷浓度能够满足Ⅱ类水质标准。仙桃断面的总磷浓度在 2011 年和 2019 年出现两个谷值，分别为 0.002 9 mg/L 和 0.053 mg/L，其中 2011 年总磷浓度满足Ⅰ类水质标准。襄阳和丹江口坝下断面变化规律比较接近，年际变化范围不大，整

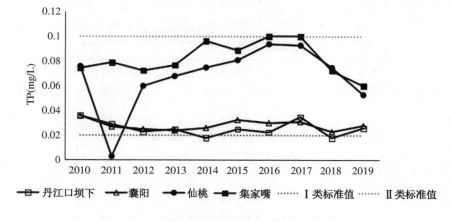

图 3.5-2　兴隆水利枢纽上下游总磷浓度变化情况

体在 0.02~0.04 mg/L 范围内波动，总磷浓度略高于Ⅰ类水质标准值。从空间上来看，兴隆水利枢纽下游的仙桃和集家嘴断面略高于其上游的丹江口和襄阳断面，仙桃和集家嘴断面总磷浓度在 2013 年兴隆大坝建成后略有上升趋势，在 2016 年和 2017 年达到最高值。

图 3.5-3 为氨氮浓度变化情况，从图 3.5-3 中可以看出，除仙桃断面在 2010 年氨氮浓度较高外（0.489 mg/L），其余断面历年氨氮浓度波动不大，变化范围为 0.04~0.181 mg/L，说明河流氨氮浓度比较稳定。仙桃断面除 2010 年、集家嘴断面除 2013 年超出Ⅰ类水质标准外，其余年份皆满足Ⅰ类水质标准。襄阳和丹江口坝下断面氨氮变化规律比较接近，分别在 2012—2013 年和 2018—2019 年出现最高值（襄阳断面 2012 年氨氮浓度为 0.161 mg/L，丹江口坝下断面 2013 年氨氮浓度为 0.181 mg/L）和最低值（襄阳断面 2018 年氨氮浓度为 0.072 mg/L，丹江口坝下断面 2019 年浓度为 0.06 mg/L）。丹江口坝下断面在 2011—2014 年氨氮超出Ⅰ类水质标准，其余年份皆满足Ⅰ类水质标准要求，襄阳断面在 2012—2014 年氨氮超出Ⅰ类水质标准，其余年份皆满足Ⅰ类水质标准要求。

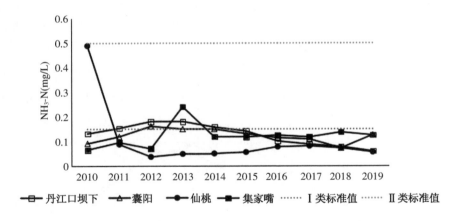

图 3.5-3　兴隆水利枢纽上下游氨氮浓度变化情况

3.5.1.2　汉江中下游各断面近几年水环境质量标准评价项目随时间变化分析

（1）总氮

由图 3.5-4 可以看出，总氮浓度出现两个峰值（2018 年浓度为 1.75 mg/L，

2021 年浓度为 1.98 mg/L),其中 2016—2018 年汉江中下游各断面总氮的年均值呈现上升趋势,上升幅度为 37.05%,2018—2019 年呈下降趋势,下降幅度为 22%,2019—2021 年呈上升趋势,上升幅度为 45.21%。各年均超出Ⅳ类水质标准,部分断面超出Ⅴ类水质标准。

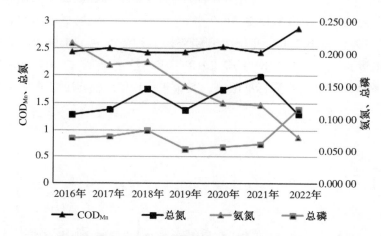

图 3.5-4　汉江中下游各断面水环境质量标准评价项目历年平均值 (单位: mg/L)

从图 3.5-5 可以看出,2016—2022 年各断面总氮浓度的变化范围为0.37~3.41 mg/L,宗关断面的年际平均值最高 (2.02 mg/L),其中宗关断面在 2021 年总氮浓度最高,达 3.41 mg/L。小河断面和岳口断面在 2016 年、2017 年分别满足Ⅱ类水质和Ⅲ类水质标准,宗关断面 2022 年满足Ⅲ类水质

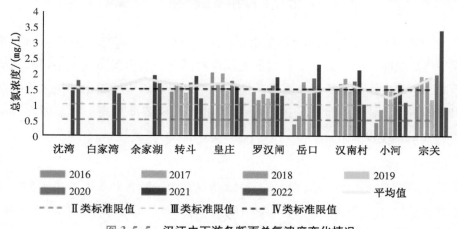

图 3.5-5　汉江中下游各断面总氮浓度变化情况

标准，其余各断面历年均超出Ⅲ类水质标准限值。除沈湾断面外，其余断面整体 2022 年总氮浓度与其他年份相比较低。

（2）总磷

由图 3.5-6 可以看出，2016—2018 年汉江中下游各断面总磷的年均值基本呈现上升趋势，上升幅度为 16.96%，2018—2019 年呈下降趋势，下降幅度为 35.67%，2019—2022 年呈上升趋势，上升幅度为 118.06%。其中 2022 年年均浓度最高（0.115 mg/L），2019 年年均浓度最低（0.053 mg/L），除 2022 年均值略超Ⅱ类水质标准限值，其余年份均值均满足Ⅱ类水质标准。

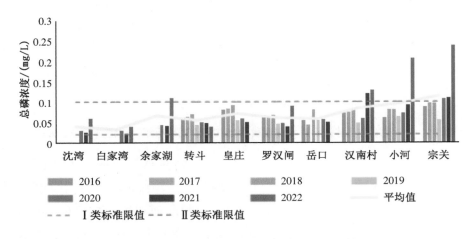

图 3.5-6 汉江中下游各断面总磷浓度变化情况

2016—2022 年各断面总磷变化范围为 0.02~0.24 mg/L，宗关断面的年际平均值最高（0.09 mg/L），其次是汉南村断面。其中汉南村、小河和宗关断面总磷浓度比其他断面浓度高，且近 3 年出现总磷浓度超出Ⅱ类水质标准限值的情况。转斗、皇庄和岳口断面 2018 年总磷浓度最高，其余断面皆是 2022 年总磷浓度最高。

（3）氨氮

由图 3.5-7 可以看出，2016—2022 年汉江中下游各断面氨氮浓度的年均值整体呈现逐年下降趋势，下降幅度为 66.92%，其中 2018 年略有升高。2016 年氨氮浓度最高（0.216 mg/L），2022 年氨氮浓度最低（0.07 mg/L）。

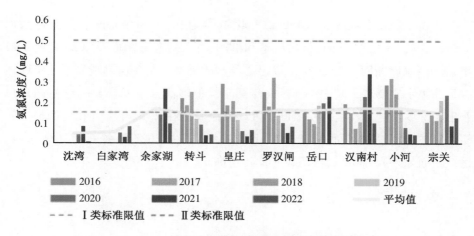

图 3.5-7　汉江中下游各断面氨氮浓度变化情况

2016—2022 年各断面氨氮变化范围为 0~0.34 mg/L，各监测断面历年都满足Ⅱ类水质要求，其中汉南村和小河年际平均值最高（0.17 mg/L）。由图还可看出，除宗关和小河断面外，其余监测断面 2016 年氨氮浓度高于 2017年，转斗和罗汉闸断面在 2018 年呈明显升高趋势。

（4）COD_{Mn}

由图 3.5-8 可以看出，2016—2021 年汉江中下游各断面 COD_{Mn} 的年际变化范围不大（2.417~2.54 mg/L），2017 年和 2022 年有小幅度上升情况，表明水体有机污染程度不严重，水质较好。

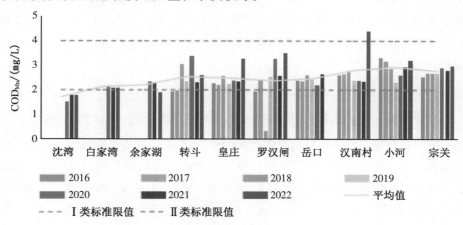

图 3.5-8　汉江中下游 COD_{Mn} 变化情况

2016—2022 年各断面 COD_{Mn} 变化范围为 $0.32 \sim 4.40$ mg/L，转斗断面（2016 年）、罗汉闸断面（2016 年和 2018 年）、沈湾断面（2020 年—2022 年）和余家湖断面（2022 年）满足Ⅰ类水质标准，其余监测断面近几年整体满足Ⅱ类水质要求，其中小河断面年际平均值最高（2.92 mg/L）。由图还可看出，除罗汉闸、小河和宗关断面外，其余断面在 2018 年上升相对明显，转斗、宗关和罗汉闸断面在 2020 年上升较为明显，2022 年各断面（余家湖、岳口断面除外）COD_{Mn} 数值较其他年份高。

3.5.2 水质空间变化分析

3.5.2.1 空间插值方法介绍

地质统计学（Geostatistics），又称空间信息统计学，是以区域化变量理论为基础，克里格空间插值（Kriging）和半方差函数为基本工具，研究那些分布于空间中并显示出一定结构性和随机性的自然现象的一种数学地质方法[6,7]。与传统水力-水质迁移模型和经典概率统计学相结合的分析手段相比，地统计学方法对水力假设和污染物迁移扩散机理的依赖程度较低，且在经典概率统计的基础上考虑了采样点间的相对位置关系[8,9]。

1. 区域化变量

当一个变量呈空间分布时，该变量即为区域化变量。区域化变量的值依赖于变量所处的具体空间位置。区域化变量的空间分布具有结构性与随机性的双重性质。克里格法就是利用区域化变量的随机性，通过扩展概率统计学中的理论方法来研究区域化变量的结构性，从而形成独特的地质统计学方法体系。

2. 变异函数（Variogram）

变异函数（变差函数）是地质统计学所特有的基本工具，它既能描述区域化变量的空间结构性变化，又能描述其随机性变化。假设将流域视为空间的一个区域，区域内的值可以看做一个点至另一个点的变量值。我们可把流域看成是空间中的一个域，域内的许多值可视为域内的一个点至另一个点的变量值，假设 $x + h$ 为沿 x 方向被矢量 h 分割的两个点，其两端的观测值分别为 $Z(x)$ 及 $Z(x + h)$，该两者的差值 $Z(x) - Z(x + h)$ 就可视为一个变量。该变量的方差之半定义为区域化变量 $Z(x)$ 的变异函数式（3.5-1），记为 $\gamma(x, \boldsymbol{h})$：

$$\gamma(x, \boldsymbol{h}) = \frac{1}{2}\mathrm{Var}[Z(x) - Z(x + \boldsymbol{h})] \qquad (3.5\text{-}1)$$

$\gamma(x, \boldsymbol{h})$ 依赖于 x 和 h 两个自变量。但当其值与位置 x 无关，而只依赖于分隔两个样品点之间的距离 h 时，则可把变异函数 $\gamma(x, h)$ 写为式（3.5-2）：

$$\gamma(\boldsymbol{h}) = \frac{1}{2}\mathrm{E}[Z(x) - Z(x + \boldsymbol{h})]^2 \qquad (3.5\text{-}2)$$

在实践中，样品的数目总是有限的，把有限实测样品值构制的变异函数称为实验变异函数式（3.5-3），记为：

$$\gamma^*(\boldsymbol{h}) = \frac{1}{2N(h)}\sum_{i=1}^{N(h)}[Z(x_i) - Z(x_i + \boldsymbol{h})]^2 \qquad (3.5\text{-}3)$$

$\gamma^*(\boldsymbol{h})$ 是理论变异函数值 γ 的估计值[10]。

本研究重点关注氮、总磷、氨氮和高锰酸盐指数的空间变化特征，采用普通克里格插值（Ordinary Kriging，OK）法对以上要素进行表征。

普通克里格插值法又称空间局部插值法。该方法以变异函数理论为基础，利用区域化变量的采样数据和半方差函数的结构特点，在该变量满足二阶平稳假设或本征假设条件下，对未采样点变量的取值进行线性、无偏、最优估计，并考虑了空间相关性，使插值更加符合空间数据的特点。目前，普通克里格插值是目前应用最为普遍的一种克里格插值方法[11]。

3.5.2.2 结果分析

汉江中下游坝址和水质监测站位分布情况如图 3.5-9 所示。

（1）总氮

根据空间插值结果，可以看出 2016 年汉江中下游总氮浓度在汉江中下游变化较明显（0.365~2.03 mg/L）（图 3.5-10），雅口至碾盘山段从上到下出现了Ⅰ类水质标准到Ⅴ类水质标准急剧变化，碾盘山坝址前后皆为总氮Ⅴ类水质标准，兴隆坝前总氮前为Ⅲ类类和Ⅳ类水质标准，坝后为Ⅱ类和Ⅲ类水质标准。汉南村监测断面下游位置总氮浓度也出现Ⅴ类水质标准。综合来看碾盘山坝址附近的皇庄断面总氮浓度最高（2.03 mg/L），宗关断面次之（1.70 mg/L），兴隆下游的岳口断面浓度最低（0.365 mg/L）。

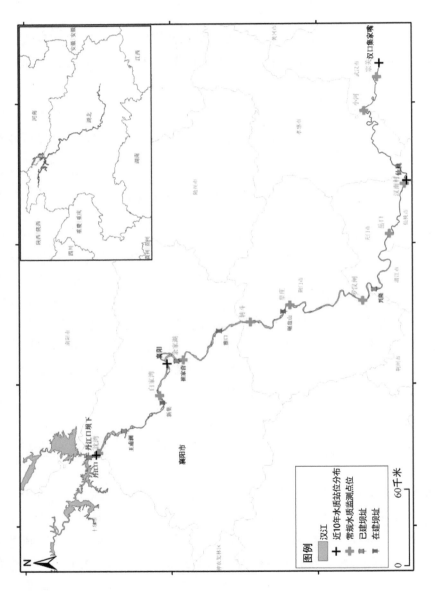

图 3.5-9　汉江中下游坝址和水质监测站位分布情况

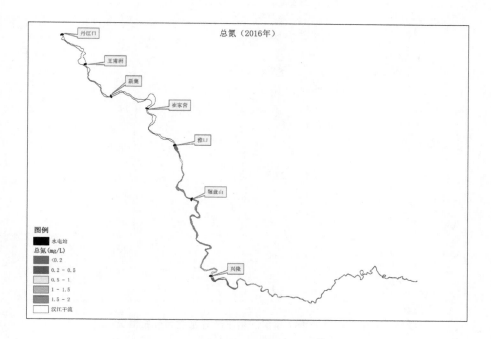

图 3.5-10　2016 年汉江中下游总氮空间分布情况

2017 年汉江中下游总氮变化规律与 2016 年基本一致（图 3.5-11）。雅口至碾盘山坝址出上游满足Ⅳ类水质标准，下游满足Ⅴ类水质标准，碾盘山至兴隆段上游满足Ⅴ类水质标准，下游满足Ⅳ类和Ⅲ类水质标准，兴隆坝上总氮浓度高于坝下。汉南村监测断面下游位置总氮浓度也出现Ⅴ类水质标准。下游武地区汉宗关断面总氮浓度最高（1.92 mg/L），汉南村断面次之（1.68 mg/L），兴隆下游的岳口断面浓度最低（0.649 mg/L）。

2018 年汉江中下游总氮变化规律与前两年基本一致（图 3.5-12），雅口至碾盘山坝址出上游满足Ⅳ类水质标标准，下游满足Ⅴ类水质标准，碾盘山至兴隆段上游满足Ⅴ类水质标准，下游满足Ⅳ类水质标准，兴隆坝前总氮浓度与坝后皆为Ⅳ类和Ⅲ类水质标准。岳口监测断面下游位置总氮浓度皆为Ⅴ类水质标准。综合来看碾盘山坝址附近的皇庄断面总氮浓度最高（2.01 mg/L），宗关断面次之（1.91 mg/L），兴隆坝址附近的罗汉闸断面总氮浓度最低（1.37 mg/L）。

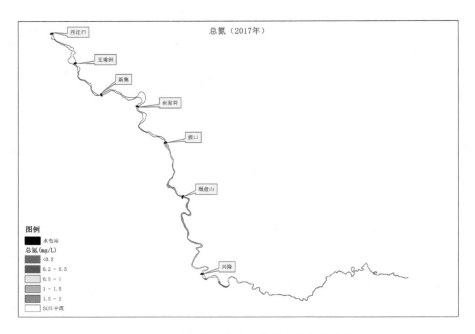

图 3.5-11　**2017 年汉江中下游总氮空间分布情况**

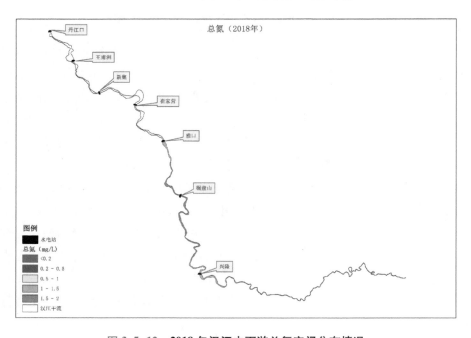

图 3.5-12　**2018 年汉江中下游总氮空间分布情况**

2019 年汉江中下游总氮除了兴隆坝下的汉南村至小河断面出现 V 类水质标准外，其余断面皆为 IV 类水质标准（图 3.5-13）。小河断面总氮浓度最高（1.46 mg/L），汉南村断面次之（1.45 mg/L），兴隆坝址附近的罗汉闸断面总氮浓度最低（1.21 mg/L）。

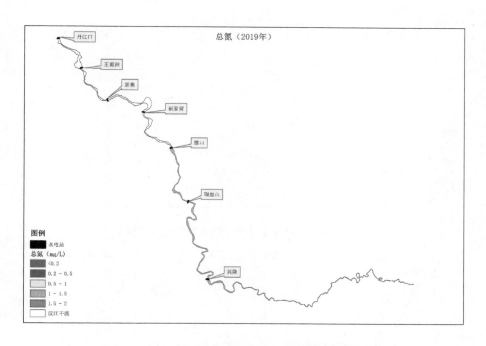

图 3.5-13　2019 年汉江中下游总氮空间分布情况

2020 年汉江中下游总氮除了小河断面附近一段出现 IV 类水质标准外，其余断面皆为 V 类类水质标准（图 3.5-14）。宗关断面总氮浓度最高（2.0 mg/L），汉南村断面次之（1.77 mg/L），小河断面总氮浓度最低（1.42 mg/L），兴隆坝址附近的罗汉闸断面总氮浓度较低（1.62 mg/L）。

2021 年汉江中下游总氮浓度除丹江口至新集段满足 IV 类水质标准外，其余皆超出 IV 类水质标准（图 3.5-15），其中宗关断面总氮浓度最高为 3.41 mg/L，超出 V 类水质标准限值，汉南村和岳口断面也超出水质标准限值，分别为 2.13 mg/L 和 2.32 mg/L。对比可以看出兴隆坝下总氮浓度高于坝上，白家湾断面总氮浓度最低（1.44 mg/L）。

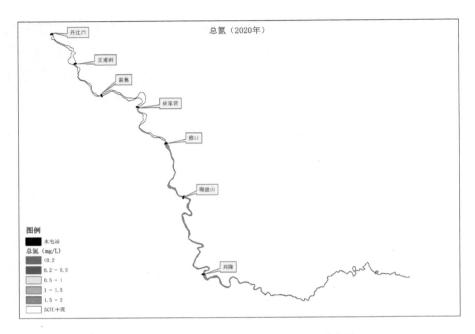

图 3.5-14　2020 年汉江中下游总氮空间分布情况

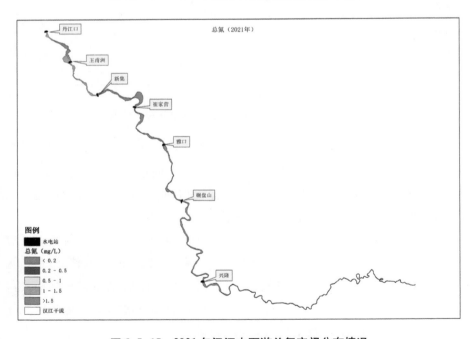

图 3.5-15　2021 年汉江中下游总氮空间分布情况

2022 年汉江中下游总氮整体满足Ⅳ类水质标准（图 3.5-16），其中沈湾（1.78 mg/L）和余家湖（1.68 mg/L）断面总氮浓度超出Ⅴ类水质标准限值，对比可以看出兴隆坝上总氮浓度高于坝下，兴隆坝址下游的宗关断面总氮浓度最低（0.94 mg/L），汉南村断面次之（1.04 mg/L）

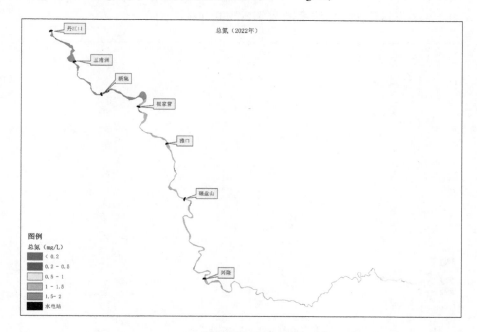

图 3.5-16　2022 年汉江中下游总氮空间分布情况

2016 年至 2022 年总氮最高值对应的断面分别为皇庄、宗关、皇庄、小河、宗关、宗关、沈湾，总氮最低值对应的断面分别为岳口、岳口、罗汉闸、罗汉闸、小河、皇庄和宗关。近几年雅口至兴隆段总氮均超出Ⅲ类水质标准。2016 和 2017 年兴隆水电站下游区域总氮浓度相对较低，2018 年以后兴隆段总氮浓度逐渐升高。2016—2018 年总氮浓度高值集中在碾盘山坝址附近和汉江下游武汉地区，2019—2021 年总氮浓度高值集中在汉江下游汉南村断面以下，2022 年兴隆坝址上游总氮浓度较高。由此可以大致看出位于武汉地区的下游断面整体浓度较高，中游浓度相对较低，随着时间的累积，相对中游而言对下游水中的总氮呈上升的规律。2016—2020 年，兴隆坝址附近的总氮浓度相对较低。

（2）总磷

根据空间插值结果，可以看出 2016 年汉江中下游总磷浓度均满足类水质标准，总磷浓度相对稳定（0.05~0.089 mg/L）（图 3.5-17）。综合来看宗关断面的总磷浓度最高（0.089 mg/L），碾盘山坝址附近皇庄断面次之（0.081 mg/L），小河和转斗断面浓度最低（皆为 0.062 mg/L）。

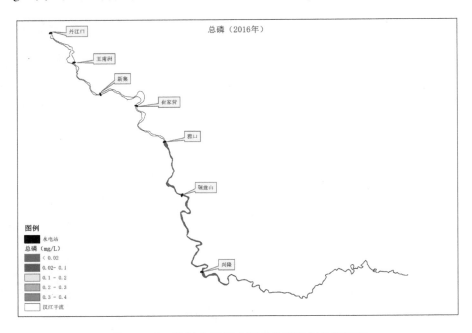

图 3.5-17　**2016 年汉江中下游总磷空间分布情况**

与 2016 年总磷浓度变化规律相似，2017 年汉江中下游总磷浓度均满足 Ⅱ 类水质标准，总磷浓度相对稳定（0.045~0.097 mg/L）（图 3.5-18）。综合来看宗关断面的总磷浓度最高（0.097 mg/L），碾盘山坝址附近皇庄断面次之（0.084 mg/L），兴隆下游的岳口断面浓度最低（皆为 0.045 mg/L）。

根据空间插值结果，2018 年汉江中下游总磷浓度均满足 Ⅱ 类水质标准，总磷浓度相对稳定（0.067~0.097 mg/L）（图 3.5-19）。综合来看宗关断面的总磷浓度最高（0.097 mg/L），碾盘山坝址附近皇庄断面次之（0.093 mg/L），兴隆坝址附近的罗汉闸断面总磷浓度最低（0.068 mg/L），转斗断面次之（0.071 mg/L）。

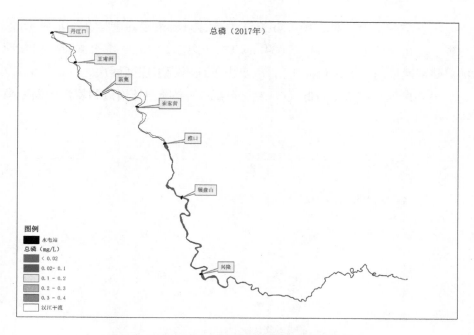

图 3.5-18　2017 年汉江中下游总磷空间分布情况

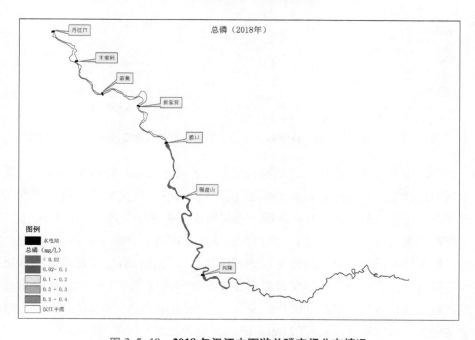

图 3.5-19　2018 年汉江中下游总磷空间分布情况

根据空间插值结果，2019 年汉江中下游总磷浓度均满足Ⅱ类水质标准，总磷浓度相对稳定（0.044～0.064 mg/L）（图 3.5-20）。综合来看小河断面的总磷浓度最高（0.064 mg/L），碾盘山坝址附近皇庄断面次之（0.056 mg/L），转斗断面总磷浓度最低（0.044 mg/L）和兴隆坝址附近的罗汉闸断面角度（0.046 mg/L）。

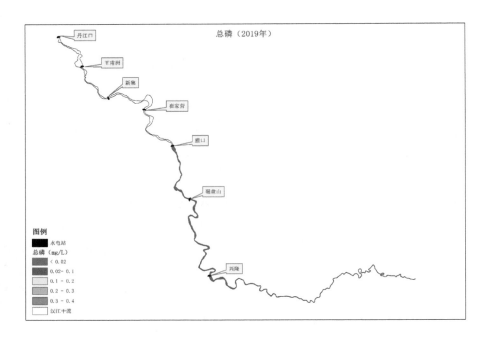

图 3.5-20　2019 年汉江中下游总磷空间分布情况

2020 年汉江中下游除宗关断面略超Ⅱ类水质标准（0.108 mg/L）外，其余断面总磷浓度均满足Ⅱ类水质标准（图 3.5-21）。从空间插值综合来看汉江中下游干流总磷皆满足Ⅱ类水质。宗关断面总磷浓度最高（0.108 mg/L），小河断面次之（0.072 mg/L），沈湾和白家湾总磷浓度最低（0.03 mg/L）。

根据空间插值结果，2021 年汉南村断面往下位置总磷浓度超出Ⅱ类水质标准限值，其余位置总磷浓度均满足Ⅱ类水质标准（图 3.5-22）。综合来看汉南村断面总磷浓度最高（0.121 mg/L），宗关断面次之（0.111 mg/L），白家湾断面总磷浓度最低（0.024 mg/L），沈湾断面次之（0.026 mg/L）。

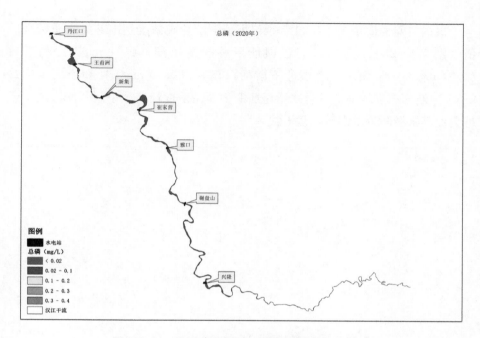

图 3.5-21　2020 年汉江中下游总磷空间分布情况

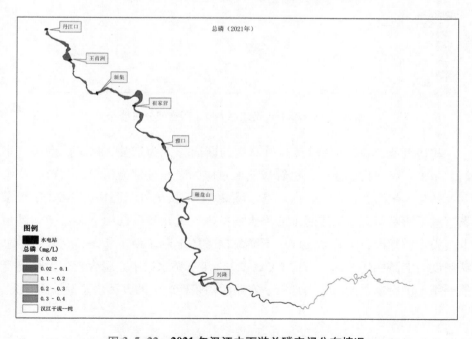

图 3.5-22　2021 年汉江中下游总磷空间分布情况

根据空间插值结果，2022年雅口坝址下游总磷浓度超出Ⅱ类水质标准限值（图3.5-23），其中崔家营坝址下游的余家湖（0.11 mg/L）和皇庄（0.24 mg/L）断面、兴隆坝址下游的汉南村（0.13 mg/L）和小河（0.21 mg/L）断面浓度较高。综合来看皇庄断面总磷浓度最高，小河断面次之，坝址会使其下游附近的总磷浓度升高。

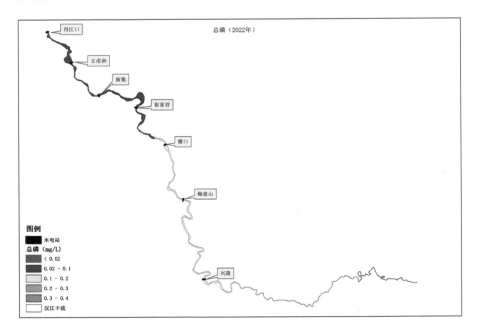

图3.5-23　**2022年汉江中下游总磷空间分布情况**

2016年至2022年总磷最高值对应的断面分别为宗关、宗关、宗关、小河、宗关、汉南村、皇庄，总磷最低值对应的断面分别为岳口、岳口、罗汉闸、转斗、沈湾和白家湾、白家湾。除2021年汉南村断面往下2022年崔家营坝址下游断面总磷浓度超出Ⅱ类水质标准，近几年汉江中下游总磷均满足Ⅱ类类水质标准，近几年汉江中下游总磷整体上趋于稳定状态，兴隆下游总磷浓度与上游相比较高。考虑2021、2022年下游水质中总磷含量变大情况可能受坝址的影响，同时与当地工、农业活动频繁产生的废污水总量较高有关。

（3）氨氮

根据空间插值结果，可以看出2016年除雅口坝址附近下游、汉南村断面附近下游、宗关断面下游满足Ⅰ类水质标准，其余断面氨氮浓度均满足Ⅱ类水质标准（图 3.5-24），氨氮浓度变化范围为（0.106～0.291 mg/L），其中宗关断面浓度最低（0.106 mg/L），岳口断面氨氮浓度次之（0.152 mg/L）。综合来看碾盘山坝址附近皇庄断面最高（0.291 mg/L），小河断面次之次之（0.29 mg/L）。

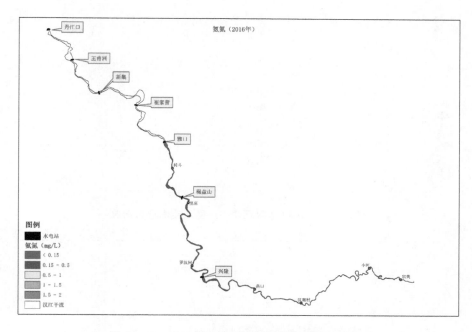

图 3.5-24　**2016 年汉江中下游氨氮空间分布情况**

根据空间插值结果，可以看出 2017 年碾盘山坝址附近上游和下游、汉南村和宗关断面满足Ⅰ类水质标准，其余断面氨氮浓度均满足Ⅱ类水质标准，整体表现为Ⅰ类水质和Ⅱ类水质交替出现（图 3.5-25）。浓度变化范围为 0.12～0.32 mg/L，其中小河断面浓度最高（0.32 mg/L），岳口断面浓度最低（0.12 mg/L）。

根据空间插值结果，可以看出 2018 年岳口至汉南村断面满足Ⅰ类水质标准，其余断面氨氮浓度均满足Ⅱ类水质标准，浓度变化范围为 0.074～0.32 mg/L（图 3.5-26）。其中罗汉闸断面浓度最高（0.32 mg/L），转斗断面次之（0.25 mg/L），汉南村断面浓度最低（0.074 mg/L），岳口断面次之（0.095 mg/L）。

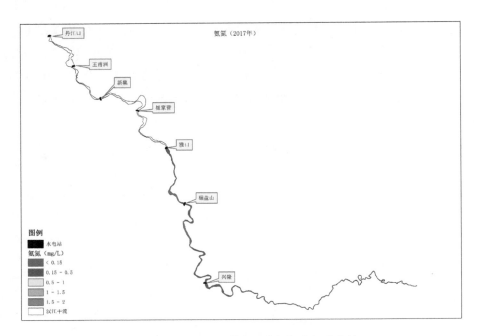

图 3.5-25　2017 年汉江中下游氨氮空间分布情况

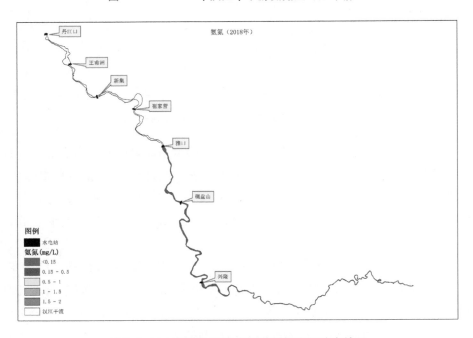

图 3.5-26　2018 年汉江中下游氨氮空间分布情况

　　根据空间插值结果，可以看出 2019 年兴隆坝址上游满足Ⅰ类水质标准，兴隆下游除汉南村断面附近满足Ⅰ类水质标准外，其余断面皆满足Ⅱ类水质标准，浓度变化范围为 0.103～0.212 mg/L（图 3.5-27）。其中宗关断面浓度最高（0.212 mg/L），小河断面次之（0.176 mg/L），汉南村断面浓度最低（0.104 mg/L），皇庄断面次之（0.115 mg/L）。

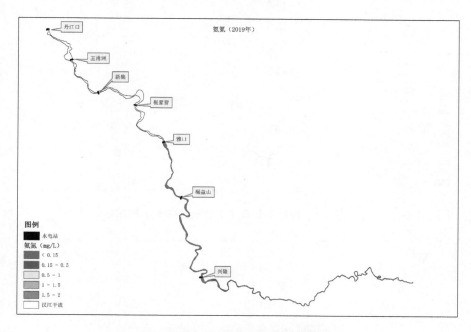

图 3.5-27　**2019 年汉江中下游氨氮空间分布情况**

　　根据空间插值结果，可以看出 2020 年氨氮浓度兴隆坝址上游（除崔家营坝址附近上游）整体上满足Ⅰ类水质标准，兴隆坝址下游满足Ⅱ类水质标准，浓度变化范围为 0.05～0.24 mg/L（图 3.5-28）。其中宗关断面浓度最高（0.24 mg/L），汉南村断面次之（0.23 mg/L），沈湾和白家湾断面浓度最低（0.05 mg/L）。

　　根据空间插值结果，可以看出 2021 年氨氮浓度兴隆坝址上游（除崔家营坝址附近上游）整体上满足Ⅰ类水质标准，兴隆坝址下游满足Ⅱ类水质标准，浓度变化范围为 0.029～0.34 mg/L（图 3.5-29）。其中宗关断面浓度最高（0.24 mg/L），余家湖断面次之（0.266 mg/L），白家湾断面浓度最低（0.029 mg/L），皇庄断面次之（0.035 mg/L）。

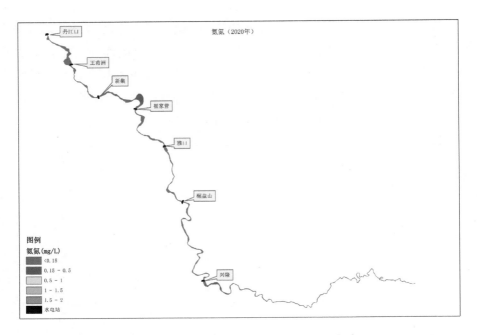

图 3.5-28　　**2020 年汉江中下游氨氮空间分布情况**

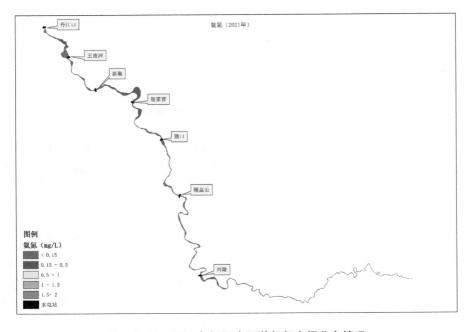

图 3.5-29　　**2021 年汉江中下游氨氮空间分布情况**

根据空间插值结果，可以看出 2022 年氨氮浓度满足 Ⅰ 类水质标准，浓度变化范围为 0.04 ~ 0.13 mg/L（图 3.5-30）。其中宗关断面浓度最高（0.13 mg/L），余家湖和汉南村断面次之（0.1 mg/L），沈湾断面浓度最低（0.000 9 mg/L）。

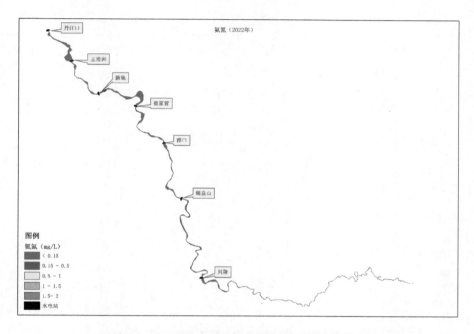

图 3.5-30　2022 年汉江中下游氨氮空间分布情况

2016 年至 2022 年氨氮最高值对应的断面分别为皇庄、小河、罗汉闸、宗关、宗关、汉南村、宗关，最低值对应的断面分别为宗关、岳口、汉南村、汉南村、沈湾和白家湾、白家湾、小河和转斗。2016—2019 年兴隆下游汉南村断面附近氨氮浓度均满足 Ⅰ 类水质标准，整体上岳口和汉南村断面浓度较低。2019—2021 年兴隆下游氨氮浓度整体上满足 Ⅱ 类水质要求，兴隆上游氨氮浓度整体上满足 Ⅰ 类水质要求，2022 年满足 Ⅰ 类水质标准。位于武汉地区的下游断面整体浓度较高，位于仙桃的断面浓度相对较低。随着梯级水电站的建立和运行，兴隆下游的氨氮浓度呈现升高趋势。

（4）COD（Mn）

根据空间插值结果，可以看出 2016 年雅口至碾盘山段和兴隆坝址附近高锰酸盐指数整体满足Ⅰ类水质标准，碾盘山下游附近和兴隆下游高锰酸盐指数满足Ⅱ类水质标准（图3.5-31）。高锰酸盐指数变化范围为1.94～3.311 mg/L，其中小河断面最高（3.311 mg/L），汉南村断面次之（2.629 mg/L），转斗断面最低（1.94 mg/L），罗汉闸断面次之（1.95 mg/L）。

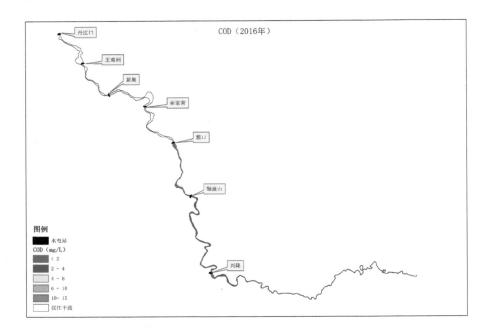

图3.5-31   2016年汉江中下游COD（Mn）空间分布情况

根据空间插值结果，可以看出2017年汉江中下游高锰酸盐指数均满足Ⅱ类水质标准，高锰酸盐指数变化范围不大（1.99～3.19 mg/L）（图3.5-32），其中小河断面最高（3.19 mg/L），宗关断面次之（2.68 mg/L），转斗断面最低（1.99 mg/L），皇庄断面次之（2.19 mg/L）。

根据空间插值结果，可以看出2018年汉江中下游高锰酸盐指数除兴隆坝址（罗汉闸断面）附近上游满足Ⅰ类水质标准外，其余皆满足Ⅱ类水质标准（图3.5-33）。高锰酸盐指数变化范围为0.32～3.06 mg/L，其中转斗断面最高（3.06 mg/L），小河断面次之（2.87 mg/L），罗汉闸断面最低（0.32 mg/L），皇庄断面次之（2.57 mg/L）。

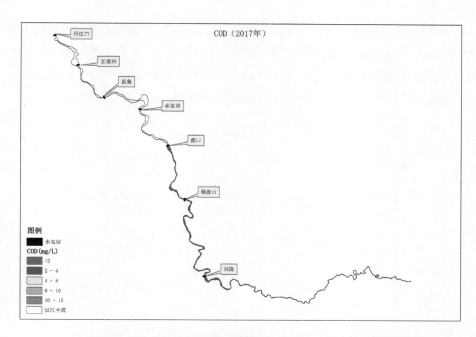

图 3.5-32　2017 年汉江中下游 COD（Mn）空间分布情况

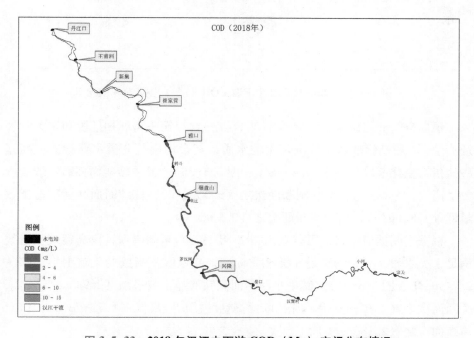

图 3.5-33　2018 年汉江中下游 COD（Mn）空间分布情况

　　根据空间插值结果，可以看出 2019 年汉江中下游高锰酸盐指数均满足Ⅱ类水质标准，高锰酸盐指数变化范围不大（2.25~2.71 mg/L）（图 3.5-34）。其中宗关断面高锰酸盐指数最高（2.71 mg/L），罗汉闸断面次之（2.53 mg/L），皇庄断面高锰酸盐指数最低（0.32 mg/L），小河断面次之（2.32 mg/L）。

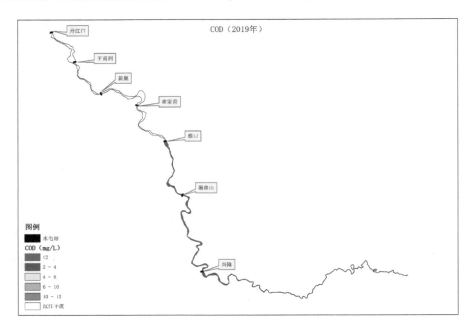

图 3.5-34　**2019 年汉江中下游 COD（Mn）空间分布情况**

　　根据空间插值结果，可以看出 2020 年丹江口至王甫洲坝址段和崔家营坝址上游Ⅰ小段高锰酸盐指数满足Ⅰ类水质，其余均满足Ⅱ类水质标准，高锰酸盐指数变化范围为 1.8~3.4 mg/L（图 3.5-35）。其中转斗断面高锰酸盐指数最高（3.4 mg/L），罗汉闸断面次之（3.3 mg/L），沈湾断面高锰酸盐指数最低（1.8 mg/L），白家湾断面次之（2.1 mg/L）。

　　根据空间插值结果，可以看出 2021 年丹江口至新集坝址段高锰酸盐指数满足Ⅰ类水质，其余均满足Ⅱ类水质标准，高锰酸盐指数变化范围为 1.52~2.94 mg/L（图 3.5-36）。其中小河断面高锰酸盐指数最高（2.94 mg/L），宗关断面次之（2.82 mg/L），沈湾断面高锰酸盐指数最低（1.52 mg/L），白家湾断面次之（2.18 mg/L）。

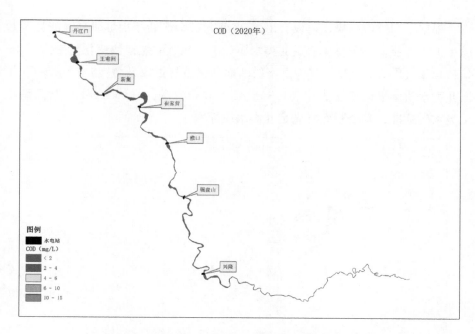

图 3.5-35　**2020 年汉江中下游 COD（Mn）空间分布情况**

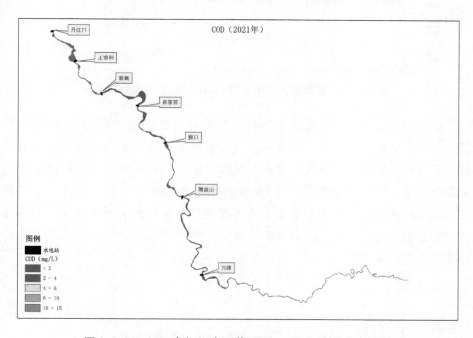

图 3.5-36　**2021 年汉江中下游 COD（Mn）空间分布情况**

根据空间插值结果，可以看出 2022 年丹江口至新集坝址段高锰酸盐指数满足Ⅰ类水质，其余整体满足Ⅱ类水质标准，高锰酸盐指数变化范围为 1.8~4.4 mg/L（图 3.5-37）。其中汉南村断面高锰酸盐指数最高（4.4 mg/L），超出Ⅱ类水质标准限值。沈湾（1.8 mg/L）和余家湖（1.89 mg/L）断面满足Ⅰ类水质标准，其余断面皆满足Ⅱ类水质标准。

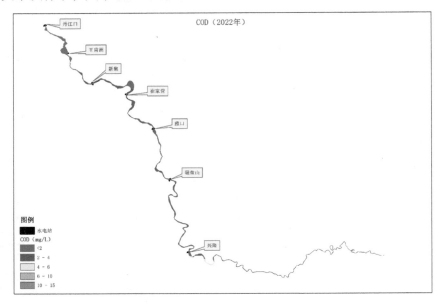

图 3.5-37　**2022 年汉江中下游 COD（Mn）空间分布情况**

2016 年至 2022 年高锰酸盐指数最高值对应的断面分别为小河、小河、转斗、宗关、转斗、小河、汉南村，高锰酸盐指数最低值对应的断面分别为转斗、转斗、罗汉闸、皇庄、沈湾、沈湾、沈湾。兴隆坝址下游高锰酸盐指数整体高于上游，其中 2018 年和 2020 年转斗断面浓度较高。汉江中下游高锰酸盐指数整体处于Ⅰ类和Ⅱ类水质标准限值之间，说明近几年汉江中高锰酸盐指数趋于稳定状态，随着梯级水电站的建立和运行，对水中的高锰酸盐指数不会造成显著影响。

3.5.3　富营养化评价

3.5.3.1　评价方法

自 1992 年汉江中下游首次暴发春季硅藻水华以来，至今已发生了多次大规模硅藻水华事件[12]。目前研究结果表明，汉江硅藻水华的暴发与春季枯水期水流速度低，水温适宜，氮、磷营养元素充足有关[13]。

汉江中下游梯级建设完成后，自丹江口下游至兴隆段流水江段仅存约 50 km，沿程库区流速大幅降低，形成有利于硅藻繁殖的生境条件，出现局部硅藻水华的可能性较大。采用综合营养状态指数法对汉江干流中下游进行富营养化评价。

综合营养状态指数法考虑的影响因素较多，包括叶绿素、总磷、总氮和 COD_{Mn}[14]，具体计算公式为：

（1）$TLI（COD_{Mn}） = 10（0.109+2.661\ln COD_{Mn}）$

（2）$TLI（TP） = 10（9.436+1.624\ln TP）$

（3）$TLI（TN） = 10（5.453+1.694\ln TN）$

（4）$TLI（SD） = 10（5.118-1.94\ln SD）$

（5）$TLI（Chl-a） = 10（2.5+1.086\ln Chl-a）$

式中：$TLI（Chl-a）$、$TLI（TP）$、$TLI（TN）$、$TLI（COD_{Mn}）$、$TLI（SD）$ 分别为以叶绿素 a（mg/m^3）、总磷（mg/L）、总氮（mg/L）、高锰酸盐指数（mg/L）、透明度（m）为评价参数的综合营养状态指数。

综合营养状态指数计算公式为：

$$TLI(\sum) = \sum_{j=1}^{m} W_j TLI(j) \qquad (3.5-4)$$

式中：$TLI(\sum)$ 为综合营养状态指数；W_j 为第 j 种参数的营养状态指数的相关权重；$TLI(j)$ 为第 j 种参数的营养状态指数。以 Chl-a 作为基准参数，则第 j 种参数的归一化的相关权重计算公式为：

$$W_j = \frac{r_{ij}^2}{\sum\limits_{j=1}^{m} r_{ij}^2} \qquad (3.5-5)$$

式中：r_{ij} 为第 j 种参数与基准参数 Chl-a 的相关系数；m 为评价参数的个数。式中 r_{ij} 及 r_{ij}^2 值见表 3.5-1。

根据综合营养状态指数，湖库的富营养状态可以分为 5 级：$TLI(\sum) <$ 30，为贫营养；$30 \leqslant TLI(\sum) \leqslant 50$，为中营养；$50 < TLI(\sum) \leqslant 60$，为轻

度富营养；$60 < TLI(\sum) \leqslant 70$，为中度富营养；$TLI(\sum) > 70$，为重度富营养。

表 3.5-1　中国湖泊部分参数与 Chl-a 的相关系数 r_{ij} 及 r_{ij}^2 值

参数	Chl-a	TP	TN	SD	COD_Mn
r_{ij}	1	0.84	0.82	−0.83	0.83
r_{ij}^2	1	0.705 6	0.672 4	0.688 9	0.688 9

3.5.3.2　评价结果

采用 2017—2021 年老河口、襄阳、钟祥、沙洋、潜江、仙桃、新沟、宗关处透明度、叶绿素 a（Chl-a）、总氮（TN）、总磷（TP）、高锰酸盐指数（COD_Mn）实测结果对汉江干流的营养状态进行评价，评价结果如表 3.5.3-2 所示。

表 3.5.3-2　综合营养状态指数评价

时段		老河口	襄阳	钟祥	沙洋	潜江	仙桃	新沟	宗关
非汛期	2017.11	34.86	37.77	44.46	42.95	44.92	43.89	45.52	33.63
	2018.2	43.70	38.21	50.74	51.08	51.85	51.45	54.82	42.16
	2019.2	39.96	30.82	40.28	45.36	45.17	45.63	53.54	38.75
	2021.1	37.40	35.53	50.04	53.76	54.28	57.22	58.90	63.04
汛期	2018.8	41.47	41.14	49.16	56.17	53.51	50.73	52.60	40.37
	2019.8	37.28	37.74	44.03	49.32	53.74	53.11	54.00	46.23
贫		0	0	0	0	0	0	0	0
中		100	100	67	50	33	33	17	83
轻度		0	0	33	50	67	67	83	0
中度		0	0	0	0	0	0	0	17
重度		0	0	0	0	0	0	0	0

从表中可以看出，近几年汉江干流富营养化程度整体处于中营养和轻度

富营养状态，仅在 2021 年 1 月宗关断面出现中度富营养化水平，占比为17%，中营养化水平占比 83%。除老河口和襄阳断面皆为中营养化水平外，钟祥至新沟段面轻度富营养化水平占比呈上升趋势，潜江至仙桃段轻度富营养化占比均为 67%。2017 年非汛期整条流域皆为中营养水平。2018 年 2 月和2021 年 1 月汉江干流大部分断面营养化程度相对较重可能与冬春季节气压较低、水体流速缓慢等相关因素有关；而 2018 年 8 月个别断面也出现轻度富营养化水平，这可能与水生植物生长有关，夏季温度适宜，水生植物生长茂盛。部分出现轻度以及中度富营养化也可能与上游梯级水电站建设对下游水的影响有关[15, 16]。

3.5.4　小结

2010—2019 年 COD_{Mn} 变化范围为 1.62～3.04 mg/L，低于 Ⅱ 类水质标准值，兴隆水利枢纽下游的仙桃和集家嘴断面略高于其上游的丹江口和襄阳断面，表明下游有机负荷较上游来说略高；总磷浓度变化范围为 0.002 9～0.1 mg/L，年际变化范围不大，兴隆水利枢纽下游的仙桃和集家嘴断面略高于其上游的丹江口和襄阳断面，仙桃和集家嘴断面总磷浓度在 2013 年兴隆大坝建成后略有上升趋势，在 2016 年和 2017 年达到最高值；氨氮浓度变化范围为 0.04～0.181 mg/L，仙桃和集家嘴断面氨氮浓度整体上（2010 年浓度较高，仙桃断面、2013 年集家嘴浓度较高）低于丹江口坝下和襄阳断面。

2016—2022 年各断面总氮的变化范围为 0.37～3.41 mg/L，2016—2018年汉江中下游各断面总氮的年均值呈现上升趋势，上升幅度为 37.05%，2018—2019 年呈下降趋势，下降幅度为 22%，2019—2021 年呈上升趋势，上升幅度为 45.21%。各年均超出 Ⅳ 类水质标准，部分断面超出 Ⅴ 类水质标准。2016—2022 年总磷变化范围为 0.02～0.24 mg/L，2016—2018 年汉江中下游各断面总磷的年均值呈现上升趋势，上升幅度为 16.96%，2018—2019 年呈下降趋势，下降幅度为 35.67%，2019—2022 年呈上升趋势，上升幅度为 118.06%。2016—2021 年氨氮变化范围为 0～0.34 mg/L，2016—2022 年汉江中下游各断面氨氮的年均值整体呈现逐年下降趋势，下降幅度为 66.92%，其中 2018 年略有升高。2016—2022 年 COD_{Mn} 变化范围为 0.32～4.40 mg/L，2016—2021 年汉江中下游各断面 COD_{Mn} 的年际变化范围不大（2.417～2.54

mg/L），2017 年和 2022 年有小幅度上升情况，表明水体有机污染程度不严重，水质较好。汉江干流总氮和总磷历年平均值中都呈现先上升再下降最后再上升的规律，2018 年和 2021 年、2022 年浓度较高。氨氮浓度整体呈下降趋势，COD_{Mn} 年均变化范围不大。

克里格空间插值法结果表明 2016—2019 年碾盘山坝址附近的总氮浓度较高，兴隆坝址附近的总氮浓度相对较低，2020—2022 年位于武汉地区的下游断面总氮浓度较高。除 2021 年汉南村断面、宗关断面，2022 年余家湖断面、罗汉闸断面、汉南村断面以下总磷浓度超出Ⅱ类水质标准外，近几年汉江中下游总磷均满足Ⅱ类水质标准，近几年汉江中总磷浓度整体上趋于稳定状态，兴隆下游总磷浓度与上游相比较高。2021、2022 年下游水质中总磷含量变大情况可能与当地工、农业活动频繁产生的废污水总量较高有关。位于武汉地区下游的断面氨氮浓度较高，位于仙桃附近断面的氨氮浓度相对较低。随着梯级水电站的建立和运行，兴隆下游的氨氮浓度呈现升高趋势。兴隆坝址下游 COD_{Mn} 整体高于上游，其中 2018 年和 2020 年转斗断面浓度较高。汉江中下游 COD_{Mn} 整体处于Ⅰ类和Ⅱ类水质标准限值之间，说明近几年汉江中 COD_{Mn} 趋于稳定状态，梯级水电站的建立和运行，对水中的 COD_{Mn} 不会造成显著影响。

由综合营养状态指数可以看出，近几年汉江中下游出现轻度和中度富营养化状态，钟祥至新沟段在汛期和非汛期皆出现中养化水平。梯级水电站的建设会对水环境产生影响，改变河道的水体形态，蓄水后库区水位抬高、流速减缓，从而降低了水中污染物的自净能力；此外，由于水电站的建立，使下游的泥沙含量减少，阳光可以更好地透入水中，水中的硅藻可以获取充足的阳光进行光合作用，得以大量繁殖，进而引起水华的发生；大坝对藻类的拦截作用效果明显，容易使藻类在坝前堆积，一定程度上增加了水华暴发的风险。引江济汉工程实施以后也可能会将长江水体中的营养盐引入汉江中，从而加剧了水体的富营养化[17, 18]。相关文献表明，汉江上游来水对汉江中下游总氮浓度有一定的影响。丹江口、王甫洲和崔家营等水利工程运行对水体中总氮浓度无明显影响，但会导致总磷浓度在坝前底部水体中有一定累积[19]。

参考文献

［1］聂大勇. 一维圣维南方程组整体经典解［D］. 郑州：华北水利水电学院，2007.

［2］付典龙，傅春. 一维圣维南方程组的特征线法［J］. 南昌大学学报（工科版），2006，28（4）：386-389.

［3］茅泽育，相鹏，黄江川，等. Preissmann 四点隐格式对计算混合流动的适定性分析［J］. 科学技术与工程，2007，7（3）：343-347.

［4］向小华，吴晓玲，王船海. 河道水流模拟的有限体积法. 第九届中国水论坛论文集［C］. 北京：中国水利水电出版社，2011.

［5］朱德军，陈永灿，王智勇，等. 复杂河网水动力数值模型［J］. 水科学进展，2011，22（2）：203-207.

［6］张仁铎. 空间变异理论及应用［M］. 北京：科学出版社，2005.

［7］侯景儒. 中国地质统计学（空间信息统计学）发展的回顾与前景［J］. 地质与勘探，1997，33（1）：53-58.

［8］吕连宏，张征，迟志森，等. 地质统计学在环境科学领域的应用进展［J］. 地球科学与环境学报，2006，28（1）：101-105.

［9］张林，牟子平. 地质统计学在水环境研究中的应用［J］. 环境科学与管理，2011，36（1）：14-18.

［10］刘文文. 中线工程运行下汉江中下游水质时空变异性研究及污染等级推估［D］. 武汉：中国地质大学，2019.

［11］赵玉杰，唐世荣，李野，等. 普通及指示克里格法在水稻禁产区筛选中的应用［J］. 环境科学学报，2009，29（8）：1780-1787.

［12］殷大聪，郑凌凌，宋立荣. 汉江中下游硅藻水华优势种分类地位再探讨. 中国水利学会 2019 学术年会论文集第一分册［C］. 北京：中国水利水电出版社，2019.

［13］李建，尹炜，贾海燕，等. 汉江中下游水华防控生态调度研究［J］. 湖泊科学，2022，34（3）：740-751.

［14］王芳. 岱海湖泊水质时空分布特征分析及富营养化评价［D］. 呼和浩特：内蒙古农业大学，2021.

［15］郭鹏程，王沛芳，贾锁宝. 河流内源磷释放环境影响因子研究进展［J］. 南京林业大学学报（自然科学版），2008，32（3）：117-121.

［16］王凡，赵琛，潘海宁，等. 城市黑臭水体底泥治理现状及建议［J］. 环境保护，2018，46（17）：27-29.

［17］王俊，汪金成，徐剑秋，等. 2018 年汉江中下游水华成因分析与治理对策［J］. 人民长江，2018，49（17）：7-11.

[18] 沈虹，张万顺，彭虹，等. 汉江中下游非点源磷负荷对水质的影响 [J]. 武汉大学学报（工学版），2011，44（1）：26-31.

[19] 景朝霞，夏军，张翔，等. 汉江中下游干流水质状况时空分布特征及变化规律 [J]. 环境科学研究，2019，32（1）：104-115.

第4章

流域梯级开发下生态环境影响累积效应研究

4.1　浮游植物累积效应研究

4.1.1　浮游植物概述

浮游植物（Phytoplankton）又称微藻，指一类在水中以浮游方式生活的低等植物。浮游植物通常以单细胞、丝状体或群体的形式出现，部分种类具有鞭毛，细胞大小和体积差异很大。绝大多数浮游植物富含叶绿素等光合色素，能够利用光照进行光合作用[1]。浮游植物的分布范围十分广泛，江河湖海、池塘沟渠、盐田碱湖、潮湿土壤、树皮树叶、墙壁乃至冰雪表面，只要是有日光和水的地方都可见其踪迹[2]。浮游植物是水生生态系统的初级生产者，也是地球上最大的光能利用者，对水生生态系统的能量流动、物质循环和信息传递过程起着至关重要的作用。尽管浮游植物仅占地球生物圈生产者生物量的 0.2%，却提供了地球近 50% 的初级生产量，支撑着从浮游植物到鲸鱼的庞大食物网[3]。

浮游植物个体微小，生活周期短，繁殖速度快，对环境的变化十分敏感，因此在生态学研究中常被用作指示物种来反映环境污染状况。比如，微囊藻主要指示富营养化生境；匍扇藻对重金属 Ag、Cd、As、Co、Cr 等具有生物指示作用[4]。浮游植物的新陈代谢可以引起水体理化性质的改变，如水体营养盐过高会导致浮游植物大量繁殖，暴发水华现象，使水体溶解氧浓度降低，会造成水生生物死亡。部分浮游植物（如微囊藻）会产生藻毒素，不仅会对水生生物产生危害，还会沿食物链传递、积累，最终对人类健康造成威胁。因此，对水体理化指标和浮游植物群落结构进行监测，可以及时掌握水环境的变化情况，为流域水环境保护提供决策依据。

4.1.2 浮游植物群落结构历史调查

4.1.2.1 2021 年调查

本期调查于 2021 年 1 月和 4 月进行两次采样。依据汉江中下游段地形特征，综合考虑已建成或未来规划的汉江中下游若干梯级水利枢纽的坝址上下区段，为配合过往历史调查数据采集比对的科学性，确定汉江中下游干流的 13 个主要典型断面作为采样检测点（丹江口库区坝上、光华汉江大桥以北 500 m、谷城县小洲子以南铁路桥、襄阳东津大桥、宜城汉江大桥、转斗、皇庄、沙洋罗汉闸、汉江泽口、仙桃水厂水源地、汉川市城区三水厂、武汉市汉江宗关水源地、唐白河支流），每个断面设 1~3 个采样点（图 4.1-1）。

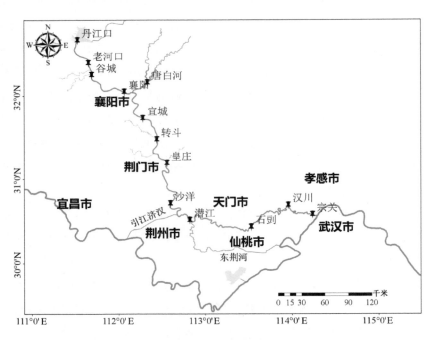

图 4.1-1 汉江中下游段采样点分布

1. 浮游植物种类组成

2021 年 1 月共检出浮游植物 7 门 86 种（图 4.1-2），其中硅藻门包括 36 种，占总种类数的 41.9%，绿藻门包括 26 种，占总种类数的 30.2%，蓝藻门包括 8 种，占总种类数的 9.3%，隐藻门包括 7 种，占总种类数的 8.1%，裸藻门包括3种,占总种类数的3.5%,甲藻门包括3种,占总种类数的3.5%,金藻门包括3种,占总种类数的3.5%。2021年4月共检出浮游植物6门58种(图4.1-3),其中硅藻门包括19种,占总种类数的32.8%,绿藻门包括22种,占总种类数的37.9%,蓝藻门包括3种,占总种类数的5.2%,隐藻门包括6种,占总种类数的10.3%,裸藻门包括2种,占总种类数的3.4%,甲藻门包括6种,占总种类数的10.3%(计算结果四舍五入,下同)。调查期间汉江中下游浮游植物以硅藻和绿藻为主,两者的种类数占总种类数的71.5%。

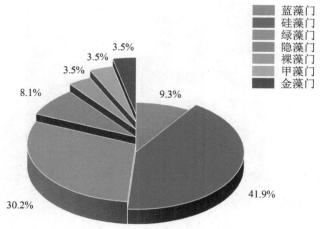

图 4.1-2 **2021 年 1 月汉江中下游浮游植物种类组成**

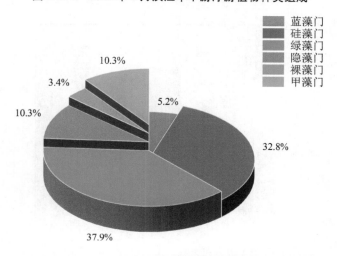

图 4.1-3 **2021 年 4 月汉江中下游浮游植物种类组成**

　　两次采样中，2021 年 1 月浮游植物的种类数明显高于 2021 年 4 月。其中，2021 年 1 月采样中宜城断面浮游植物种类数最多，为 40 种，其次为襄阳断面，为 38 种，丹江口断面浮游植物种类数最少，为 19 种（图 4.1-4）；2021 年 4 月采样中石剅断面浮游植物种类数最多，为 22 种，宜城断面浮游植物种类数其次，为 19 种，丹江口浮游植物种类数最少，为 8 种（图 4.1-5）。从浮游植物各门类组成比例来看，两个季度均是硅藻>绿藻>蓝藻。

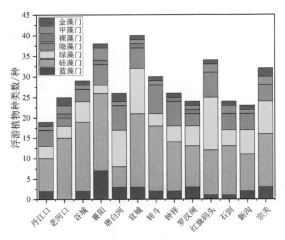

图 4.1-4　2021 年 1 月各断面浮游植物种类数

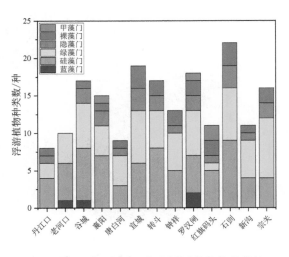

图 4.1-5　2021 年 4 月各断面浮游植物种类数

2. 浮游植物丰度和生物量

2021 年 1 月不同断面的浮游植物丰度变化处于 $1.4 \times 10^5 \sim$ 4.31×10^7 cells/L，平均值为 70.9×10^5 cells/L，其中唐白河断面浮游植物丰度值最高，达 430.9×10^5 cells/L，老河口断面浮游植物丰度值最低，为 1.4×10^5 cells/L，从丹江口到宗关断面浮游植物丰度大体呈逐步上升趋势（图 4.1-6）。2021 年 4 月不同断面的浮游植物丰度变化处于 $2.3 \times 10^4 \sim 4.61 \times 10^5$ cells/L，平均值为 1.1×10^5 cells/L，其中唐白河断面浮游植物丰度值最高，达 46.1×10^4 cells/L，丹江口浮游植物丰度值最低，为 2.3×10^4 cells/L，从丹江口到宗关断面浮游植物丰度上升趋势不明显（图 4.1-7）。从浮游植物各门类占比组成来看，2021 年 1 月各断面硅藻门丰度最高占比达 89.9%，为绝对优势类群；2021 年 4 月绿藻门为最大优势类群，最高占比达 45.3%，其次为硅藻门（37.1%），可见，随着水温上升，硅藻优势逐渐降低，绿藻成为优势类群。

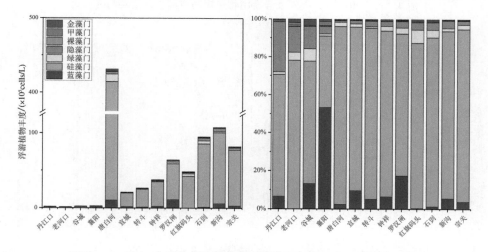

图 4.1-6　2021.1 月各断面浮游植物丰度的空间变化及各门类占比

2021 年 1 月不同断面的浮游植物生物量变化处于 $8.9 \times 10^{-2} \sim 2920.3 \times 10^{-2}$ mg/L，平均值为 477.0×10^{-2} mg/L，其中唐白河断面浮游植物生物量值最高，达 2920.3×10^{-2} mg/L，丹江口断面浮游植物生物量值最低，为 8.9×10^{-2} mg/L，从丹江口到宗关断面浮游植物生物量大体呈逐步上升趋势（图 4.1-8）。2021 年 4 月不同断面的浮游植物生物量变化处于 $6.2 \times 10^{-2} \sim 71.7 \times 10^{-2}$ mg/L，平均值为 19.3×10^{-2} mg/L，其中唐白河断面浮游植物生物量值最高，达 71.7×10^{-2} mg/L，

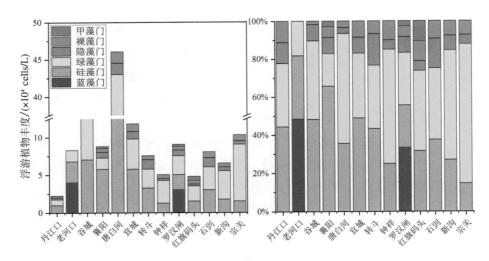

图 4.1-7　2021.4 月各断面浮游植物丰度的空间变化及各门类占比

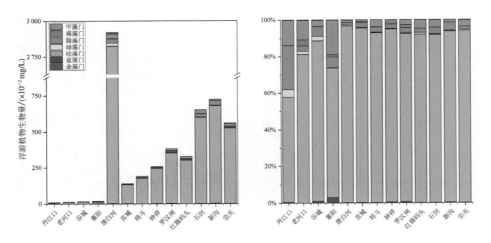

图 4.1-8　2021.1 月各断面浮游植物生物量的空间变化及各门类占比

丹江口浮游植物生物量值最低，为 6.2×10^{-2} mg/L，从丹江口到宗关断面浮游植物生物量上升趋势不明显。从浮游植物生物量各门类占比组成来看，2021 年 1 月各断面硅藻门生物量平均占比达 94.7%，为绝对优势类群；2021年 4 月裸藻门为最大优势类群，平均占比达 37.1%，其次为硅藻门（24.0%）和绿藻门（20.1%），可见随着水温上升，硅藻优势度逐渐降低。

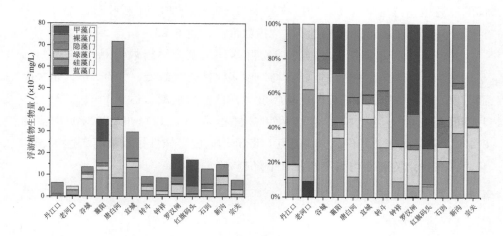

图 4.1-9 **2021.4 月各断面浮游植物生物量的空间变化及各门类占比**

3. 浮游植物优势种

不同营养状态条件下常见的优势种类不同，不同时期常见的优势种类也有较大差异。在自然界贫营养水体中浮游植物的物种多样性高，群落结构复杂，优势种往往不明显。以相对丰度大于 5% 的物种定义为优势种。调查结果显示，2021 年 1 月优势种为冠盘藻（*Stephanodiscus* sp.），其相对丰度占比达 86.6%，2021 年 4 月优势种分别为柯氏并联藻（*Quadrigula chodatii*）、颗粒直链藻（*Melosira granulata*）、针杆藻（*Synedra* sp.），且这两个季度中优势种基本为硅藻门和绿藻门。

4. 浮游植物多样性指数

2021 年 1 月不同断面的浮游植物群落香农-威纳（Shannon-Wiener）多样性指数为 0.44~3.05，平均值为 1.45，其中唐白河断面香农-威纳多样性指数最低，为 0.44，宗关断面其次，为 0.72，襄阳断面香农-威纳多样性指数最高，达 3.05；2021 年 4 月不同断面的浮游植物群落香农-威纳多样性指数为 1.77~2.99，平均值为 2.35，明显高于 1 月份，其中石别断面香农-威纳多样性指数最高，达 2.99。

2021 年 1 月不同断面的浮游植物群落丰富度多样指数为 1.36~2.96，平均值为 1.91，其中新沟断面丰富度多样性指数最低，为 1.36，唐白河断面其次，为 1.42，襄阳断面丰富度多样性指数最高，达 2.96；2021 年 4 月不同断面的浮游植物群落丰富度多样指数为 2.62~6.23，平均值为 4.58，明显高于 1 月份，其中宜城断面丰富度多样性指数最高，达 6.23。

2021 年 1 月不同断面的浮游植物群落均匀度多样指数为 0.017~0.116，平均值为 0.053，其中唐白河断面均匀度多样性指数最低，为 0.017，宗关断面其次，为 0.023，丹江口断面均匀度多样性指数最高，达 0.116；2021 年 4 月不同断面的浮游植物群落均匀度多样指数为 0.127~0.255，平均值为 0.171，明显高于 1 月份，其中丹江口断面均匀度多样性指数最高，达 0.255，从丹江口到宗关断面均匀度指数呈下降趋势。

4.1.2.2　2022 年调查

1. 调查方法

2022 年 8 月对汉江中下游干流浮游植物进行了采样调查，设置了 13 个采样点（图 4.1-10），其中包括汉江一级支流唐白河。采用孔径为 64 μm 的 25#浮游生物网于水面 0.5 m 处水平和垂直方向呈"∞"字形缓慢拖动约 5 min，将采集到的水样装入容量为 50 mL 聚乙烯瓶中，在现场加入浓度为

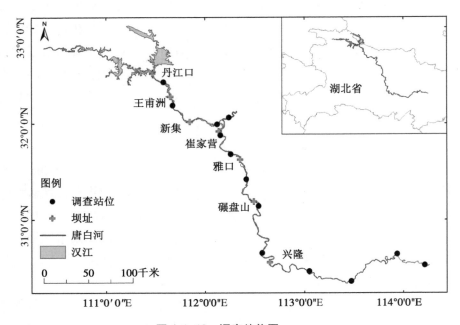

图 4.1-10　调查站位图

4%甲醛溶液固定保存。定量样品采用1 L的采水器在水面0.5 m以下采集，立即加入1.5%浓度的鲁哥试剂10~15 mL和4%甲醛固定保存备检，在实验室静置24~48 h以后用虹吸法将水样浓缩至30~80 mL，在光学显微镜下进行鉴定计数。浮游植物鉴定方法参考胡鸿钧和魏印心编著的《中国淡水藻类——系统、分类及生态》。镜检时，取0.1 mL样品，放入0.1 mL计数框内，盖上盖玻片。在200~400倍镜头下，利用视野计数法或全片计数法进行定量检测。在进行镜检计数时，每个样品不低于2个片子，当获得2片的计数值时，取其平均值作为测定结果。当2片误差超过15%时，进行第3片计数，取结果相近的2片（误差小于15%）的平均值作为测定结果。

2. 种类组成

2022年8月的调查共检出浮游植物4门56种，其中包括硅藻门23种，占总种类数的41.07%，绿藻门15种，占总种类数的26.79%，蓝藻门15种，占总种类数的26.79%，裸藻门3种，占总种类数的5.36%（图4.1-11）。从种类组成来看，汉江中下游河段浮游植物群落种类以硅藻门、绿藻门和蓝藻门为主，三者之和占总种类数的94.65%。

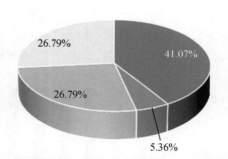

图4.1-11　2022年8月浮游植物种类组成

13个站位浮游植物种类数分布不均匀，为8~32种，其中罗汉闸站位种类最多，为32种；下游宗关站位最少，为8种（图4.1-12）。从种类百分比图（图4.1-13）可以看出，支流的唐白河站位种类组成以蓝藻门为主，硅藻门、绿藻门较少；上游站位种类组成以硅藻门占优势，下游站位蓝藻门和绿藻门逐渐取代硅藻门成为主要种类组成。

3. 密度组成

2022年8月调查中浮游植物细胞密度共计2.92×10^7 cells/L，不同站位浮游植物密度变化范围为$8.45\times10^4 \sim 1.53\times10^7$ cells/L。密度占比最大的为蓝藻门，占总细胞数量的71.02%，最小的为裸藻门，仅为0.004%（图4.1-14）。

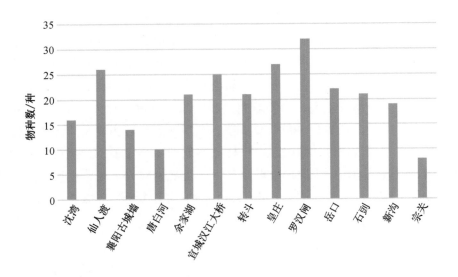

图 4.1-12　各站位浮游植物种类数

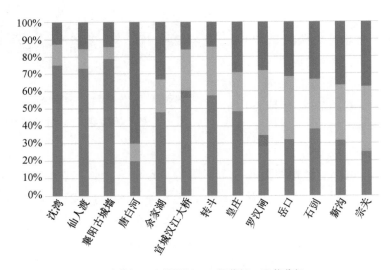

■硅藻门　■裸藻门　■绿藻门　■蓝藻门

图 4.1-13　各站位浮游植物种类百分比

　　从空间分布来看，支流唐白河站位细胞密度最高，为 $1.53×10^7$ cells/L，占总细胞密度的 52.38%，沈湾站位细胞密度最低，为 $8.45×10^4$ cells/L，仅占总细胞密度的 0.29%（图 4.1-15）。除支流唐白河站位细胞密度较高之外，

干流各站位密度分布较为均匀，平均
细胞密度为 1.16×10^6 cells/L，从细胞
密度占比图（图 4.1-16）可以看出，
调查站位浮游植物细胞主要由硅藻门
和蓝藻门构成，其中支流唐白河站位
出现蓝藻水华现象，蓝藻细胞占总细
胞密度的 99.70%。

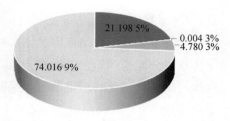

图 4.1-14　细胞密度百分比

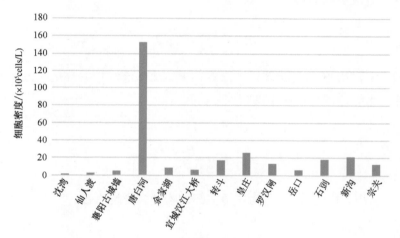

图 4.1-15　各站位细胞密度

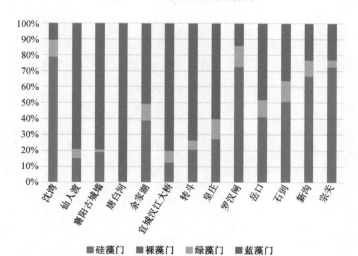

图 4.1-16　各站位细胞密度占比

4. 多样性指数

生物多样性指数是评价水体水质的重要指标，生物种数越多或各个种的个体数目分配越均匀，多样性指数就越大。因此多样性指数能够很好地表征水体污染程度，反映污染情况。采用香农-威纳多样性指数（H'）、Pielou 均匀度指数（J'）和马格列夫丰富度指数（d）来评价水质状况。

生物多样性评价中应用到的多样性指数如下所示：

（1）香农-威纳指数

$$H' = - \sum_{i=1}^{S} P_i \log_2 P_i \qquad (4.1-1)$$

式中：H' 为香农-威纳种类多样性指数；P_i 为群落第 i 种的数量或重量占样品总数量之比值；S 为群落中的物种数。

（2）Pielou 均匀度指数

$$J' = \frac{H'}{\log_2 S} \qquad (4.1-2)$$

式中：J' 为均匀度指数；H' 为群落实测的物种多样性指数；S 为群落中的物种数。

（3）马格列夫丰富度指数

$$d = \frac{S-1}{\ln N} \qquad (4.1-3)$$

式中：d 为丰富度指数；S 为样品中包含的种数；N 为总个体数。

表 4.1-1 为多样性指数的水质评价标准。

表 4.1-1　多样性指数的水质评价标准

H'	水质	J'	水质	d	水质
>3	清洁-寡污型	0.8~1.0	清洁型	0~1	重污染型
1~3	β-中污型	0.5~0.8	清洁-寡污型	1~2	中度污染
0~1	α-中污型	0.3~0.5	β-中污型	2~3	轻度污染
—	—	0~0.3	α-中污型	>3	清洁型

本次调查浮游植物 H' 变化范围为 $1.49{\sim}3.73$，平均值为 2.63，H' 值最大的为余家湖站位，H' 值最小的为襄阳古城墙。J' 变化范围为 $0.39{\sim}0.87$，平均值为 0.62，最大值与最小值分别出现在沈湾和襄阳古城墙。一般认为多样性指数 H' 大于 3 时，水体水质较好，为轻污或清洁状态。调查结果显示 13 个站位中有 6 个站位的多样性指数大于 3，表明调查水域生态系统群落多样性程度较高（表 4.1-2）。根据多样性指数结果绘制各站位指数趋势，如图 4.1-17 所示。

表 4.1-2 多样性指数结果

站位点	H'	J'	d
沈湾	3.49	0.87	1.32
仙人渡	2.26	0.48	1.99
襄阳古城墙	1.49	0.39	0.98
唐白河	2.12	0.64	0.54
余家湖	3.73	0.85	1.46
宜城汉江大桥	2.06	0.44	1.80
转斗	2.23	0.51	1.39
皇庄	3.45	0.72	1.76
罗汉闸	3.04	0.61	2.20
岳口	3.20	0.72	1.58
石剅	3.11	0.71	1.39
新沟	2.43	0.57	1.24
宗关	1.52	0.51	0.50
平均值	2.63	0.62	1.40

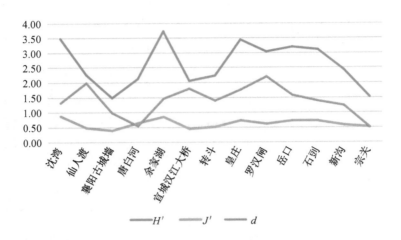

图 4.1-17　各站位多样性指数趋势图

5. 功能群分类

1980 年，Reynolds[5] 发现生境相似的水体中，浮游植物的群落结构也趋于一致，因此将形态、生理和生态特征相似的浮游植物种类划分为同一类群，形成了 31 个具有相同生态适应特征的功能类群（Functional Group，FG）。2007 年，Salmaso 等[6] 结合植物功能型（Plant Functional Types，PET）概念和 FG 的优点提出了形态功能群（Morpho-Functional Group，MFG）划分法，发展了浮游植物功能群的研究。2009 年，Padisák 等[7] 基于 Reynolds 的研究，对 FG 的分组进行了补充和完善，并更正了被分配错组的物种。2010 年 Kruk 等[8] 提出了更为简便的划分浮游植物功能类群的方法——MBFG 法（Morphology-Based Functional Group）。我国对于浮游植物功能群的研究虽起步较晚，但是发展迅速。近年来许多学者利用功能群分类方法研究河流、湖泊、水库等生态系统的浮游植物群落演替规律。目前应用较为广泛的为 Padisák 等基于 Reynolds 的研究完善而来的 FG 法。

本研究根据 Reynolds 等提出的 FG 功能群划分方法对汉江中下游流域浮游植物进行划分，共鉴定出浮游植物 56 种，分属于 16 个功能群（表 4.1-3），主要功能群为 P、TB、MP 和 J 等，表明水体处于透明度低、营养水平较高的状态。

表 4.1-3　浮游植物功能群及其适宜生境

功能群	代表种（属）	生境
B	小环藻（*Cyclotella* sp.）	中营养、中小型或大型浅水水体
C	梅尼小环藻（*Cyclotella meneghiniana*）	富营养化的中小型湖泊；对分层敏感
D	尖针杆藻（*Synedra acus*）、肘状针杆藻（*Synedra ulna*）	浑浊浅水水体
P	颗粒直链藻（*Melosira granulata*）、脆杆藻（*Fragilaria* sp.）、纤细角星鼓藻（*Staurastrum gracile*）	富营养温跃层
TB	变异直链藻（*Melosira varians*）、微细异极藻（*Gomphonema parvulum*）	激流环境
MP	舟形藻（*Navicula* spp.）、膨胀桥弯藻（*Cymbella tumida*）、颤藻（*Ocsillatoria* spp.）	频繁扰动的无机浑浊浅水
W1	尾裸藻（*Euglena caudata*）、裸藻（*Euglena* sp.）	富含有机质水体
W2	陀螺藻（*Strombomonas* sp.）	中营养或临时浅湖
J	栅藻（*Scenedesmus* spp.）、月牙藻（*Selenastrum bibraianum*）、集星藻（*Actinastrum hantzschii*）、盘星藻（*Pediastrum* spp.）	高富营养水体
M	微囊藻（*Microcystis* spp.）	富营养的中小型水体
S1	纤细席藻（*Phormidium tenue*）	浑浊的混合水体
S2	螺旋藻（*Spirulina* spp.）	高富营养水体
TC	细小隐球藻（*Aphanocapsa elachista*）	缓流；有大型挺水植物的水体
L$_0$	优美平裂藻（*Merismopedia elegans*）	广适应性
F	湖生卵囊藻（*Oocystis lacustris*）、卵囊藻（*Oocystis* sp.）	清澈、深度混合的中富营养湖泊
X1	纤维藻（*Ankistrodesmus* sp.）、弓形藻（*Schroederia* sp.）	超富营养水体，浅水

6. 优势种及优势功能群

利用 Mcnaughton 优势度指数 Y 确定优势种，$Y>0.02$ 的物种为优势种。在 2022 年 8 月的调查中，浮游植物优势类群为硅藻门和蓝藻门，优势种为硅藻门中的颗粒直链藻（*Melosira granulata*）和颗粒直链藻极狭变种（*Melosira granulata var. angustissima*），蓝藻门中的具缘微囊藻（*Microcystis marginata*）、小颤藻（*Oscillatoria tenuis*）、沼泽念珠藻（*Nostoc paludosum*）和优美平裂藻（*Merismopedia elegans*）。其中优势度指数最大的为蓝藻门中的具缘微囊藻（*Microcystis marginata*）。

藻类功能群的优势度指数根据相应功能群出现的频率和丰度确定，定义 $Y > 0.02$ 时为优势功能群，计算公式：

$$Y = f_i \times P_i \qquad (4.1\text{-}4)$$

式中：Y 为优势度；f_i 为第 i 类功能群在各采样点出现的频率；P_i 为第 i 功能群丰度占总藻类丰度的比例。

研究区域优势功能群为 P、MP、L_O、J、M，优势度指数最高的是以微囊藻组成的 M 功能群，主要由支流唐白河站位的蓝藻水华导致。通过计算各站位浮游植物功能群的相对丰度，选择细胞相对丰度超过 10% 的功能群作为该站位的优势功能群。优势功能群在空间上的演替规律从上游至下游表现为：D、MP、TC、L_O→P，罗汉闸及其下游站位均以 P 功能群为主要优势功能群，表明下游水体营养水平较高。

4.1.3 梯级开发对浮游植物累积影响分析

2021 年 1 月，在汉江中下游浮游植物调查中，硅藻门为绝对优势类群，丰度占比为 89.9%，这与王岳等[9]在长江干流湖北段的研究发现的河流中浮游植物种类组成以硅藻门的种类为主的特征相一致。这是由于水温能够直接影响浮游植物的生长与繁殖[10]，硅藻门普遍的适宜温度为 15~25 ℃，汉江水体温度基本为 8.13~26.36 ℃，利于硅藻的生长[11]。而 2021 年 4 月浮游植物调查中硅藻门占比下降至 24.0%，由此可见随着水温的上升，硅藻门优势逐渐降低，裸藻门代替其成为优势种群。

根据 2001 年的调查结果[12]，浮游植物的密度为 $0.09 \times 10^6 \sim 1.40 \times 10^6$ cells/L，2010 年[13] 调查的浮游植物密度为 $0.33 \times 10^6 \sim 1.82 \times 10^6$ cells/L，在

2017—2019 年的调查中，浮游植物平均密度为 $0.19 \times 10^6 \sim 1.90 \times 10^6$ cells/L，通过以上数据对比分析，表明梯级开发建设尚未对浮游植物密度产生显著影响。通过调查得知，非汛期浮游植物密度有增大趋势，近年来汉江中下游水华频发[14]，且发生河段由原先兴隆以下河段延伸至兴隆库区，受梯级开发建设及南水北调中心工程调水的影响，汉江中下游非汛期流量及输沙率均降低，导致硅藻在 1—3 月份暴发性生长，因此低流量可能是汉江中下游发生硅藻水华的重要原因之一[15]。

2018 年 8 月、2019 年 8 月、2022 年 8 月汉江中下游干流浮游植物平均丰度分别为 109.5×10^4 cells/L、169×10^4 cells/L 和 224.3×10^4 cells/L，细胞丰度呈现上升趋势。由 2018 年 8 月和 2019 年 8 月同期调查资料（图 4.1-18）可以看出，甲藻和隐藻在往年的调查中出现 3~5 种，但在本次调查中未检出，说明浮游植物群落的种类组成趋向单一，群落多样性有所下降。3 次调查中浮游植物群落均以硅藻为主要组成，其次为绿藻和蓝藻，但硅藻比例逐年降低，同时蓝藻比例逐年上升，表明浮游植物生境发生改变，从而使浮游植物群落结构发生演替。

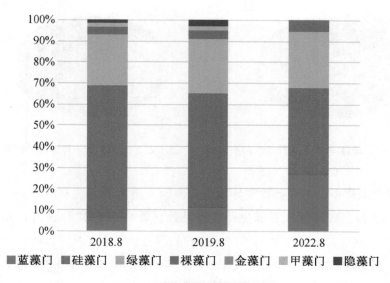

图 4.1-18　历次调查种类组成百分比

4.2 对浮游动物影响分析

4.2.1 浮游动物群落调查

2021 年 1 月，在汉江中下游 13 个监测断面共检出浮游动物 47 种属，其中原生动物 14 种属，占全部浮游动物种类数的 29.8%；轮虫 15 种，占种类数的 31.9%；枝角类 9 种，占种类数的 19.1%；桡足类 9 种属，占种类数的 19.1%（图 4.2-1）。2021 年 4 月，在汉江中下游 13 个监测断面共检出浮游动物 45 种属，其中原生动物 18 种属，占全部浮游动物种类数的 40.0%；轮虫 13 种，占种类数的 28.9%；枝角类 7 种，占种类数的 15.6%；桡足类 7 种属，占种类数的 15.6%（图 4.2-2）。两次调查所检测的种类数差异不大，且上述浮游动物多数为浮游性种类，亦有少数底栖或着生种类，绝大部分属世界性广布种。

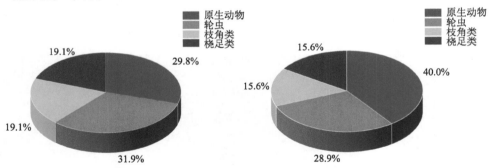

图 4.2-1　**2021 年 1 月浮游动物种类组成**　　图 4.2-2　**2021 年 4 月浮游动物种类组成**

两次采样中，总种类数差异不大，但四大类群的组成有所差异。相比于 2021 年 1 月，2021 年 4 月原生动物种类数显著高于 2021 年 1 月，而轮虫数低于 2021 年 1 月。各断面间浮游动物种类数差异明显，其中，2021 年 1 月采样中，宜城断面浮游动物种类数最多，为 21 种，其次为唐白河断面和沙洋断面，均为 20 种，襄阳断面浮游动物种类数最少，为 5 种（图 4.2-3）；2021 年 4 月采样中唐白河断面浮游动物种类数最多，为 22 种，襄阳断面浮游动物种类数最少，仅为 2 种（图 4.2-4）。从浮游动物各门类组成比例来看，1 月为：

轮虫>原生动物>枝角类=桡足类，4 月为：原生动物>轮虫>枝角类=桡足类。

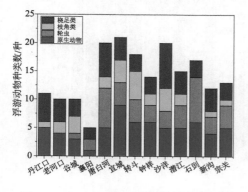

图 4.2-3 **2021 年 1 月浮游动物种类数**

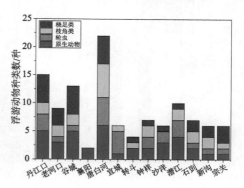

图 4.2-4 **2021 年 4 月浮游动物种类数**

2021 年 1 月不同断面的浮游动物丰度变化为 45.15~7 082.95 ind./L，平均值为 1 067.60 ind./L，其中唐白河断面浮游动物丰度值最高，达 708 2.95 ind./L，襄阳断面浮游动物丰度值最低，为 45.15 ind./L，从丹江口到宗关断面浮游动物丰度大体呈上升趋势（图 4.2-5）。2021 年 4 月不同断面的浮游动物丰度变化为 100.30~3 582.50 ind./L，平均值为 749.42 ind./L，其中唐白河断面浮游动物丰度值最高，达 3 582.50 ind./L，宗关断面浮游动物丰度值最低，为 100.30 ind./L，从丹江口到宗关断面浮游动物丰度变化趋势不明显（图 4.2-6）。

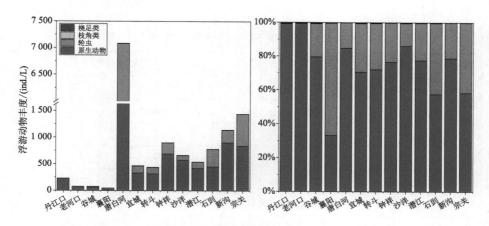

图 4.2-5 **2021 年 1 月汉江中下游浮游动物丰度的空间变化及各门类占比**

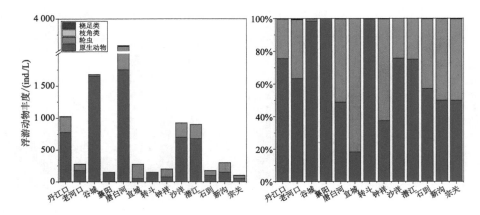

图 4.2-6 **2021 年 4 月汉江中下游浮游动物丰度的空间变化及各门类占比**

从浮游动物丰度各门类占比组成来看，2021 年 1 月各断面原生动物丰度平均占比达 78.5%，为绝对优势类群，其次为轮虫，平均占比为 21.4%，桡足类平均占比为 0.1%；2021 年 4 月各断面原生动物丰度平均占比达 66.2%，为绝对优势类群，其次为轮虫，平均占比为 33.6%，枝角类和桡足类平均占比均为 0.1%。从丰度组成来看，原生动物为浮游动物主要贡献类群，随着水温上升，原生动物优势逐渐降低，但仍为主要优势类群。

运用 Mcnaughton 优势度指数（$Y \geqslant 0.02$）衡量优势种。2021 年 1 月和 4 月共鉴定优势种 6 种，侠盗虫属和纤毛虫未定种为两个季度中共有的优势种（表 4.2-1）。

表 4.2-1 汉江中下游浮游动物优势种变化

优势种	拉丁名	优势度指数 Y	
		2021.01	2021.04
钟虫属	*Vorticella* sp.	0.076	—
侠盗虫属	*Stribilidium* sp.	0.302	0.109
似铃壳虫属	*Tintinnopsis* sp.	0.059	—
纤毛虫未定种	*Ciliophora*	0.093	0.088
萼花臂尾轮虫	*Brachionus calyciflorus*	0.033	—
疣毛轮虫	*Synchaeta* sp.	—	0.082

2021 年 1 月不同断面的浮游动物群落香农-威纳多样指数为 1.12~2.54（图 4.2-7），平均值为 1.79，其中石刟断面香农-威纳多样性指数最高，为 2.54，襄阳断面香农-威纳多样性指数最低，为 1.12；2021 年 4 月不同断面的浮游动物群落香农-威纳多样指数为 0.64~2.21，平均值为 1.17，明显低于 1 月份，其中唐白河断面香农-威纳多样性指数最高，达 2.21，襄阳断面香农-威纳多样性指数最低，为 0.64。

2021 年 1 月不同断面的浮游动物群落丰富度多样指数为 1.05~3.25，平均值为 2.15，其中襄阳断面丰富度多样性指数最低，为 1.05，宜城断面丰富度多样性指数最高，达 3.25；2021 年 4 月不同断面的浮游动物群落丰富度多样指数为 0.20~2.57，平均值为 1.18，其中唐白河断面丰富度多样性指数最高，达 2.57，襄阳断面丰富度多样性指数最低，为 0.20。

2021 年 1 月不同断面的浮游动物群落均匀度多样指数为 0.077~0.224，平均值为 0.134，其中唐白河断面均匀度多样性指数最低，为 0.077，襄阳断面均匀度多样性指数最高，达 0.224；2021 年 4 月不同断面的浮游动物群落均匀度多样指数为 0.224~0.918，平均值为 0.600，明显高于 1 月份，其中襄阳断面均匀度多样性指数最高，达 0.918，谷城断面均匀度多样性指数最低，为 0.224。

4.2.2　梯级开发对浮游动物累积影响分析

2018 年 2 月、2019 年 2 月、2021 年 1 月，浮游动物分别检出 35、58、47 种属，种类组成百分比如图 4.2-8 所示，生物量为 0.027 mg/L、0.13 mg/L、0.327 mg/L，呈逐年增加趋势，主要物种均为原生动物和轮虫。邬红娟 2001 年[12] 调查汉江中下游共检出 72 种，平均生物量为 0.112 4 mg/L，近年来浮游动物种类数有所下降，平均生物量呈现增加趋势。有研究显示，浮游生物对河流水体具有良好的指示作用，能在一定程度上反映河流水体的变化情况。浮游植物作为浮游动物的重要饵料，对浮游动物的生物量存在间接影响，杜红春[11] 通过冗余分析发现水温是影响浮游动物生物量及群落结构的重要因素之一。汉江中下游梯级开发引起的河流水温变化，可能是导致浮游动物生物量及分布产生变化的原因之一。

近年来，汉江中下游浮游动物多样性指数变化趋势基本一致（图 4.2-9），中游多样性指数略高于下游。

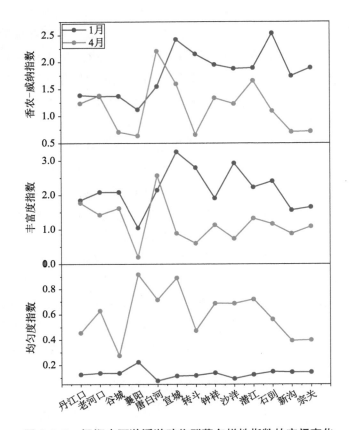

图 4.2-7　汉江中下游浮游动物群落多样性指数的空间变化

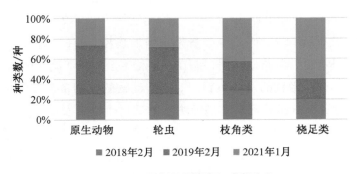

图 4.2-8　历次调查种类组成百分比

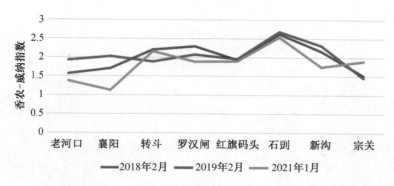

图 4.2-9　历次调查各断面浮游动物多样性指数分布

4.3　对底栖动物影响分析

4.3.1　底栖动物群落调查

2021 年 1 月，在汉江中下游 7 个监测断面共检出底栖动物 29 种属，其中环节动物门 2 纲 4 科 7 种属，占全部底栖动物种类数的 24.1%；节肢动物门 2 纲 6 科 12 种，占种类数的 41.4%；软体动物门 2 纲 8 科 9 种，占种类数的 31.0%；线虫动物门 1 种属，占种类数的 3.4%（图 4.3-1）。2021 年 4 月，在汉江中下游 8 个监测断面共检出底栖动物 21 种属，其中环节动物门 1 纲 2 科 5 种属，占全部底栖动物种类数的 23.8%；节肢动物门 2 纲 3 科 9 种，占种类数的 42.9%；软体动物门 2 纲 6 科 7 种，占种类数的 33.3%（图 4.3-2）。2021 年 1 月底栖动物鉴定种类多于 4 月。

两次采样中，并非所有断面均采集到底栖动物，2021 年 1 月共 7 个断面采集到底栖动物，而 2021 年 4 月共 8 个断面采集到底栖动物，其中老河口、谷城、襄阳、沙洋和石剅两次均采集到底栖动物。各断面间底栖动物种类数差异明显，2021 年 1 月采样中谷城断面底栖动物种类数最多，为 18 种，次为石剅断面，为 11 种，潜江断面底栖动物种类数最少，为 2 种（图 4.3-3）；2021 年 4 月采样中老河口和谷城断面底栖动物种类数最多，均为 9 种，其次为沙洋断面，为 8 种，宜城和转斗断面底栖动物种类数最少，均为 1 种（图 4.3-4）。从底栖动物各门类组成比例来看，两次采样均为：节肢动物门>软体动物门>环节动物门，线虫动物门仅在 2021 年 1 月出现。

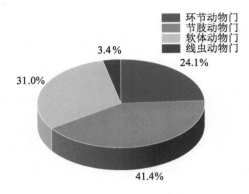

图 4.3-1 **2021 年 1 月底栖动物种类组成**

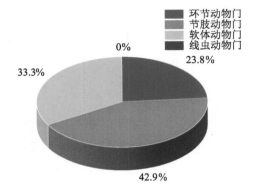

图 4.3-2 **2021 年 4 月底栖动物种类组成**

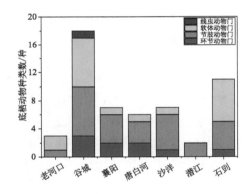

图 4.3-3 **2021 年 1 月各断面底栖动物种类数**

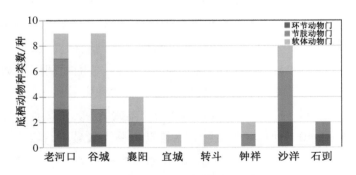

图 4.3-4 **2021 年 4 月各断面底栖动物种类数**

2021 年 1 月监测到的 7 个断面的底栖动物丰度变化为 26.67 ~ 341.33 ind./m²，平均值为 145.52 ind./m²，其中沙洋断面底栖动物丰度值最高，达 341.33 ind./m²，其次为谷城断面，为 160.00 ind./m²，老河口断面底栖动物丰度值最低，为 26.67 ind./m²（图 4.3-5）。2021 年 4 月监测到的 7 个断面的底栖动物丰度变化为 10.67 ~ 885.33 ind./m²，平均值为 208.00 nd./m²，其中老河口底栖动物丰度值最高，达 885.33 ind./m²，转斗底栖动物丰度值最低，为 10.67 ind./m²（图 4.3-6）。

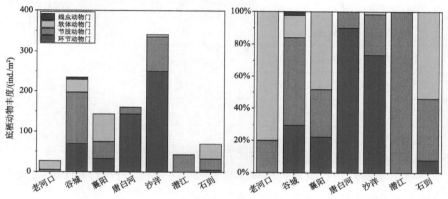

图 4.3-5　2021 年 1 月汉江中下游底栖动物丰度的空间变化及各门类占比

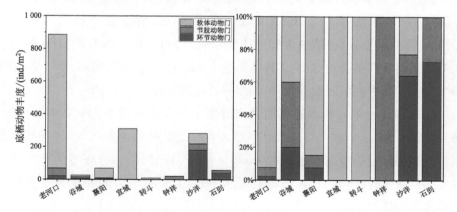

图 4.3-6　2021 年 4 月汉江中下游底栖动物丰度的空间变化及各门类占比

从底栖动物丰度各门类占比组成来看，2021 年 1 月各断面环节动物门丰度平均占比达 49.2%，为底栖动物丰度的绝对优势类群，其次为节肢动物门，平均占比为 34.6%，软体动物门平均占比为 16.2%；2021 年 4 月各断面软体动物门丰度平均占比达76.3%，为底栖动物丰度的绝对优势类群，其次为环节动物门，平均占比为15.4%，节肢动物门平均占比为8.3%。

基于各底栖动物种类的平均生物量及所占总生物量的比例，以相对生物量≥5%作为优势度标准，共鉴定5个优势种，均为软体动物门（表4.3-1）。

表4.3-1　2021年1月、2021年4月汉江中下游底栖生物优势种

优势种	相对生物量占比（B%）	
	2021. 01	2021. 04
河蚬（*Corbicula fluminea*）	80. 60%	13. 5%
刻纹蚬（*Corbicula largillierti*）	6. 20%	—
环棱螺属（*Bellamya* sp. ）	11. 80%	—
沼蛤（*Limnoperna fortunei*）	—	38. 7%
射线裂脊蚌（*Schistodesmus lampreyanus*）	—	43. 4%

底栖生物群落结构组成的物种丰富度D、多样性指数H_N和均匀度指数J是反映底栖生物群落结构功能的重要生态值。

2021年1月不同断面的底栖动物群落香农-威纳多样指数为0.662～2.182，平均值为1.336，其中谷城断面香农-威纳多样性指数最高，为2.182，潜江断面香农-威纳多样性指数最低，为0.662；2021年4月不同断面的底栖动物群落香农-威纳多样指数为0～1.609，平均值为0.607，明显低于1月份，其中谷城断面香农-威纳多样性指数最高，达1.609。

2021年1月不同断面的底栖动物群落丰富度多样指数为0.206～1.830，平均值为0.928，其中潜江断面丰富度多样性指数最低，为0.206，谷城断面丰富度多样性指数最高，达1.830；2021年4月不同断面的底栖动物群落丰富度多样指数为0～1.015，平均值为0.447，其中老河口断面丰富度多样性指数最高，达1.015。

2021年1月不同断面的底栖动物群落均匀度多样指数为0.477～0.955，平均值为0.787，其中沙洋断面均匀度多样性指数最低，为0.477，石剅断面均匀度多样性指数最高，达0.955；2021年4月各断面底栖动物群落均匀度多样性指数平均值为0.423，明显低于1月份。

4.3.2　梯级开发对底栖动物累积影响分析

2018年2月、2019年2月、2021年1月，底栖动物共检出10、19、29种属，种类组成百分比如图4.3-7所示。其中2021年29种，环节动物门7种，节肢动物门12种，软体动物门9种，线虫动物门1种，主要优势种由2018、2019年耐污种多足摇蚊属变为2021年的河蚬。2018—2021年底栖动物种类有所上升，近年来，汉江中下游底栖动物多样性指数变化范围如图4.3-8所示，中游多样性指数略高于下游。

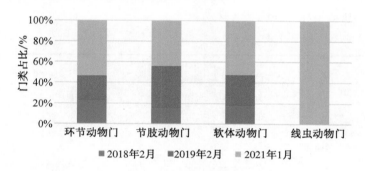

图4.3-7　历次调查种类组成百分比

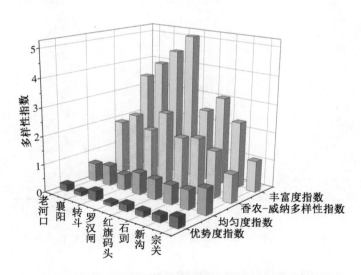

图4.3-8　历次调查各断面底栖动物多样性指数分布

4.4 鱼类累积效应研究

4.4.1 汉江中下游渔业资源概况

4.4.1.1 汉江中下游渔业资源调查情况

2017—2019 年开展的汉江中游鱼类资源现状调查设置 4 个调查断面，分别为丹江口捕捞断面、宜城捕捞断面、天门捕捞断面、蔡甸捕捞断面，并走访调查了 10 处站点，如图 4.4-1 所示。

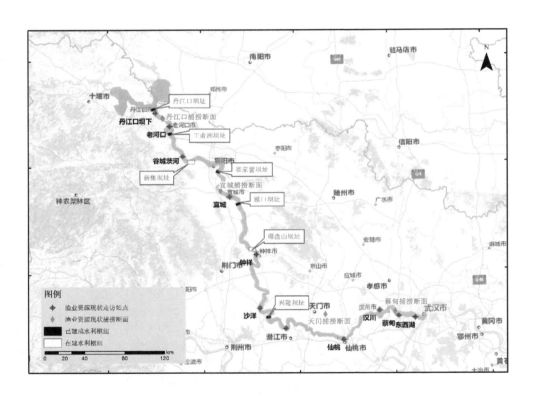

图 4.4-1　2017—2018 年鱼类资源调查断面站点布置示意图

1. 渔业资源种类分布

2017—2019 年采集到的鱼类 85 种，属于 8 个目，20 个科，63 个属。其中鲤科鱼类 34 属 49 种；鳅科 6 属 7 种；鲶科 4 属 7 种；鲴科 1 属 3 种；银鱼科 2 属 2 种；塘鳢科 2 属 2 种；鲇科 1 属 2 种；鳀科、鳗鲡科、平鳍鳅科、胭脂鱼科、鮠科、鮡科、青鳉科、鳢科、合鳃鱼科、鰕虎鱼科、斗鱼科、鳢科、刺鳅科 13 科各 1 属 1 种。

2. 渔获物组成资源比例

2017—2019 年汉江中下游调查总捕捞量 7 752.8 kg，其中兴隆大坝上游 3 276.6 kg，下游 3 280 kg。相比之下，汉江中下游及兴隆大坝上下游渔获物产量构成比较均匀。

与 2013—2014 年鱼类资源分布情况、渔获物组成结构比例[16] 对比分析可知，汉江中下游主要经济鱼类是鲤、鲫、鳊、黄颡鱼、鲢、鳙和草鱼，兴隆上下游鱼类资源布和组成比例存在一定差异，梯级水利枢纽建设对汉江中下游鲤、鲫、鳊、鲇、鳜、鲌、鲴等定居性小型鱼类种群影响不大，对溯河洄游性的鲢、鳙、草鱼的种群分布影响较大。

4.4.1.2　汉江中下游产卵场分布特征及变化情况

根据 1960 年的调查结果，汉江中下游（含支流）有 10 个产漂流性卵鱼类主要产卵场：三官殿、王甫洲、茨河、襄樊（现为"襄阳"）、宜城、钟祥、马良、泽口、郭滩、埠口；1977 年进行调查的结果中，由于丹江口大坝运行，坝址下游的三官殿产卵场消失[16]；据 2004 年对汉江中下游产漂流性卵产卵场调查[17]，可以确定的产卵场有茨河、襄樊、宜城、钟祥、马良、泽口、郭滩、埠口，王甫洲产卵场消失，其中可确定的四大家鱼产卵场为茨河、宜城、钟祥、马良、泽口；2012 年的调查结果表明，汉江中下游漂流性卵鱼类产卵场位置和 2004 年相比基本没有变化[18]；2018 年调查结果显示，汉江下游共有 4 个四大家鱼产卵场：泽口、张港、彭市、仙桃。汉江中下游产漂流性卵鱼类主要产卵场变迁如表 4.4-1 所示，分布图如图 4.4-2 所示。

表 4.4-1　汉江中下游产漂流性卵鱼类主要产卵场变迁

1960 年	1977 年	1998 年	2004 年	2012 年	2014 年	2018 年	2020 年
三官殿 (D, E, S)	—	—	—	—	—	—	—
王甫洲 (D, E, S)	王甫洲 (D, E, S)	—	—	—	—	—	—

（续表）

1960 年	1977 年	1998 年	2004 年	2012 年	2014 年	2018 年	2020 年
—	—	—	—	—	—	—	黄家港 (E，S)
茨河 (D，E，S)	茨河 (D，E，S)	茨河 (D，E，S)	茨河 (D，E，S)	茨河 (D，E，S)			
襄樊 (D，E，S)	襄樊 (D，E，S)	襄樊 (D，E，S)	襄樊 (E，S)	襄樊 (S)			
郭滩 (D，E，S)	郭滩 (D，E，S)	郭滩 (D，E，S)	郭滩 (E，S)	郭滩 (E，S)			
埠口 (D，E，S)	埠口 (D，E，S)	埠口 (D，E，S)	埠口 (E，S)	埠口 (E，S)			
—	—	—	—	—	—	—	牛首 (E，S)
宜城 (D，E，S)	宜城 (D，E，S)	宜城 (D，E，S)	宜城 (D，E，S)	宜城 (D，E，S)			宜城 (D，E，S)
—	—	—	—	—		流水 (D，E，S)	流水 (D，E，S)
—	—	—	—	—		磷矿 (D，E，S)	磷矿 (D，E，S)
—	—	—	—	—	关家山 (D，E，S)		
—	—	—	—	—	邓家台 (D，E，S)		
钟祥 (D，E，S)	钟祥 (D，E，S)	钟祥 (D，E，S)	钟祥 (D，E，S)	钟祥 (D，E，S)	钟祥 (D，E，S)	钟祥 (D，E，S)	钟祥 (D，E，S)
马良 (D，E，S)	马良 (D，E，S)	马良 (D，E，S)	马良 (D，E，S)	马良 (D，E，S)			
—	—	—	—	—	—	兴隆 (D，E，S)	兴隆 (D，E，S)
泽口 (D，E，S)	泽口 (D，E，S)	泽口 (D，E，S)	泽口 (D，E，S)	泽口 (D，E，S)		泽口 (D，E，S)	泽口 (D，E，S)
—	—	—	—	—	—	张港 (D，E，S)	—
—	—	—	—	—	—	彭市 (D，E，S)	彭市 (D，E，S)
—	—	—	—	—	—	仙桃 (D，E，S)	

注：D 为四大家鱼；E 为其他经济鱼类；S 为小型鱼类。

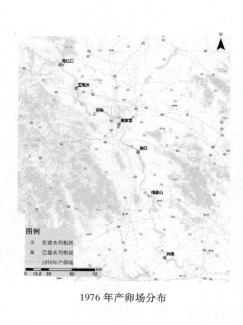

1976年产卵场分布

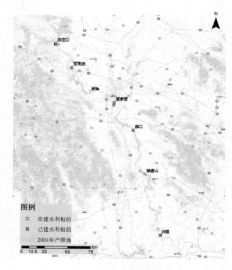

2004年产卵场分布

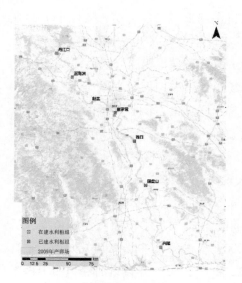

2009年产卵场分布

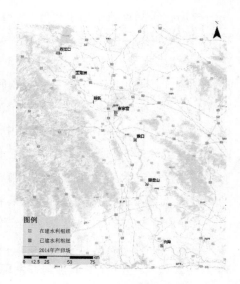

2013—2014年产卵场分布

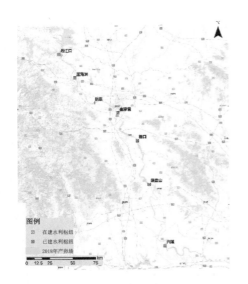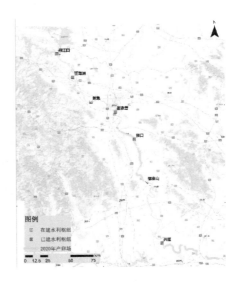

2018 年产卵场分布　　　　　　　　　2020 年产卵场分布

图 4.4-2　汉江中下游产漂流性卵鱼类主要产卵场变迁分布图

根据各年调查数据结果可知，丹江口水利枢纽修建之前，汉江中下游存在 10 处四大家鱼产卵场；丹江口水利枢纽修建之后，四大家鱼产卵场消失了 2 处，王甫洲水利枢纽修建后又消失 3 处。崔家营航电枢纽修建后，经 2012 年调查发现，宜城以上江段四大家鱼产卵场全部消失，仅剩宜城至泽口（潜江市）4 处。随着 2018 年汉江中下游干流梯级联合生态试验调度的实施和过鱼设施的运行，加之 2018 年恰逢汉江中下游流域涨水，于当年产卵场分布调查时在关家山发现产卵场。丹江口、王甫洲、崔家营等梯级枢纽的建设和运行，对汉江中下游产漂流性卵鱼类的影响表现为产卵场萎缩退化、繁殖期缩短、产卵量明显下降、四大家鱼产卵比重下降等，而且上述影响十分显著。

在鱼卵多样性方面，在 20 世纪 70 年代调查发现了产漂流性卵鱼类，汉江至少有 25 种产漂流性卵鱼类[16]，2009 年在汉江中游沙洋断面发现 21 种[19]，2012 年在汉江中下游调查发现 22 种[18]，2018 年调查时在鱼卵中检测到 17 种，从仔鱼中还发现另外 5 种，总共发现至少 22 种产漂流性卵鱼类[20]，说明汉江中下游产漂流性卵鱼类没有发生明显改变，大多数仍能在汉江中下游产卵。

4.4.1.3　四大家鱼概述

1. 四大家鱼概述（青草鲢鳙）

四大家鱼包括青鱼（*Mylopharyngodon piceus*）、草鱼（*Ctenopharyngodon idellus*）、鲢（*Hypophthalmichthys molitrix*）、鳙（*Aristichthys nobilis*），都是鲤形目（*Cypriniformes*），鲤科（*Cyprinidae*）（图4.4-3）。在自然条件下，四大家鱼不能在静水中产卵，产卵地一般选择河流主干与支流的汇合处，河道两侧突然收紧的河段是比较适宜的产卵场所。

青鱼　　　　　　　　　　　　草鱼

鲢鱼　　　　　　　　　　　　鳙鱼

图4.4-3　四大家鱼

青鱼又名钢青、青鲩、螺蛳青等，主要分布在中国长江以南地带的平原地区，长江以北地区很少见到；身体是青黑色，鳍是灰黑色；头部宽而扁平，没有须；咽头齿是臼齿状；4~5龄性成熟，个体较大，生长速度快；身体略呈圆筒形，腹部平圆；上颌骨的后端延伸到眼睛的前缘下方；性情不活跃，通常栖息在水体的中层或下层，常在江河河湾、通江湖泊及附属水体中摄食育肥；食物主要是螺蛳、河蚌、虾和水生昆虫等，摄食肥育的地点多集中在食物比较丰富的沿江湖泊和江河弯道中，在深水中越冬；繁殖期为每年的5—7月，绝对怀卵量在30万~300万粒，青鱼成熟卵外表呈为青灰色，饱满圆整，沉性，直径1.5~1.8 mm。

草鱼又名草鲩、白鲩等，是草鱼属中的唯一种，分布在平原地带的河流和湖泊中；嘴上没有须，呈弧形；下颌略短于上颌；体色为浅茶黄色，背部为青灰色，腹部为灰白色，胸部和腹鳍略呈灰黄色，其他鳍为浅灰色；身体较长，腹部无棱；头部略平扁，尾部侧扁，呈亚圆柱形；在干流或湖泊的深水处越冬；亲鱼在繁殖季节有溯游的习性；多以水草、浮萍等植物为食；喜欢生活在水体中下层，性情活泼；繁殖期为每年 4—6 月，绝对怀卵量在 14 万~166 万粒，成熟卵的卵黄直径约 1.6 mm。

鲢又名白鲢、鲢子等，广泛分布在亚洲东部，在中国的所有水系中都有发现；身体侧扁，头部很大，但没有鳙大；嘴宽，下颌略微向上倾斜；眼小，位置偏低，无须，鳞小；从喉咙到肛门之间有明显的皮质腹棱；因体色为银白而称白鲢，各鳍为灰白色，形状类似于鳙；性情急躁并善于跳跃，属于典型的滤食性鱼类；在鱼苗阶段主要食用浮游动物，长到 1.5 cm 时慢慢改变口味，转为食用浮游植物，终生食用浮游生物；另外，比较喜欢草鱼和投放的其他动物的粪便，适宜在肥水中养殖；食欲与水温成正比；生长速度快、产量高；性成熟时间比草鱼早 1~2 年；成熟的个体也很小，超过 3 kg 的雌鱼可以达到性成熟；繁殖期为每年 4 月底—7 月上旬，绝对怀卵量在 20 万~195 万粒，成熟卵为青灰或黄褐色，卵黄直径 1.3~1.5 mm。

鳙又名花鲢、胖头鱼、黑鲢等，分布在亚洲东部，在中国所有主要水系都有；喜欢在静水的中上层活动，动作比较缓慢，不喜欢跳跃；以浮游动物为食，亦食少量藻类；体扁而高，头极肥大，约占体长 1/3；嘴很大，下颌略微向上倾斜；鳃耙比较细密，呈页状，但没有连在一起；胸鳍比较长，末端远远超过腹鳍的基部；身体上半部分是灰黑色，腹部是灰白色，两侧有许多不规则的浅黄色或黑色的小斑点；生长速度很快，3 年可长到 4~5 kg，4 年以上可以达到性成熟，产量很高；广泛分布于长江中下游及通江湖泊，繁殖期为每年 5—7 月，成熟卵为淡灰黄色，卵黄直径约 1.6 mm。

2. 四大家鱼产卵条件概述

鱼类的产卵行为是受遗传调控、生理要求、环境选择共同作用的结果，包括鱼类从进入产卵场发情到后代孵化过程中所表现出的全部行为。鱼类产卵行为通常以交配行为为界限，分为产前行为、产中行为和产后行为。产前行为包括对产卵场的选择、筑巢、领域防卫等行为，产中行为包括产卵中的求爱和交配等行为，产后行为包括亲体护幼行为等。而生活在不同环境和相同环境下不同类型的鱼类有着不同的产卵行为模式。

（1）产前行为。主要指繁殖场所准备，即鱼类筑巢及保护周边水域、防止其他鱼入侵的行为，很多在浅滩环境中生存的鱼类都有筑巢行为。例如，雌性鲑鱼通常选择在支流和水流源头的砂砾河床为产卵场，到达产卵场后，雌鱼通过身体扭曲在河床上挖坑，产出一批卵后在上端继续挖坑，后一坑挖出的砂砾覆盖在前一个坑上，一直到卵全部排完；斗鱼一般通过吞吸空气筑巢。在雌鱼筑巢期间，雄鱼在周边水域进行防卫。

（2）产中行为。产中行为一般分为求爱、交配、产卵（排精）三步。求爱行为指在一般情况下，雄鱼通过一系列的求偶和竞争行为来吸引雌鱼进行交配，雌鱼在面对雄鱼的求偶行为时，也会表现出对雄鱼的选择行为。交配行为是产卵行为中的关键行为，当雄鱼和雌鱼配对成功后会进行交配。交配时雌鱼和雄鱼会发出一系列的信号，在产卵基上剧烈抖动行为可认为是产卵和排精行为。同时有研究发现，未被选择的雄鱼会在雌鱼和其他雄鱼交配时迅速靠近雌鱼并射精。

（3）产后行为。主要指护幼行为，由于受精卵易被其他鱼类捕食，很多雄鱼在雌鱼产卵后会在产卵区域附近巡游，以此来提高后代的成活率。

水文条件方面，四大家鱼的产卵活动与流域涨水过程、涨水幅度和涨水持续时间有比较明显的关联效应。一般来讲，水流加速度是决定鱼类是否开始产卵活动的信号，同时也是保障产卵时长的重要因子之一。余志堂等[21]通过对历史资料的分析，发现长江宜昌以下干流各产卵场发生产卵活动期间，均出现涨水现象，每次涨水幅度为 1.5~3.5 m，涨水开始后 0.5~2 d 出现产卵活动，且涨水幅度越大，产卵规模也越大，由此说明涨水过程是影响四大家鱼产卵活动的重要因素之一。李翀等[22]通过分析宜昌站生态流量指标变化的研究发现，鱼类产卵高峰期 5—6 月的总涨水日数与四大家鱼产卵量呈正相关关系。通过分析多年监测资料，发现流域水文水力条件与四大家鱼的产卵行为密切相关，且鱼类产卵活动对产卵场的水流条件有特定要求。鱼类产卵前需要一定的水流刺激时间，流速越大刺激时间越短，流速越小刺激时间越长。陈永柏等[23]的研究发现四大家鱼产卵多位于流域中地形发生变化较大的河段。易雨君等[24]利用水温、水位涨幅、流速 3 个因子建立了鱼类栖息地适宜度方程，指出四大家鱼产卵理想条件是日均水位上涨约 0.30 m/d。

水温方面，在天然情况下，四大家鱼在 20~24 ℃产卵活动最频繁；27~28 ℃也有家鱼产卵；而水温低于 18 ℃时，则基本没有家鱼产卵活动。在长江、汉江等流域实测鱼类繁殖时水温亦高于 18 ℃。对于多数经济鱼类来说，产卵活动的上限水温在 30 ℃左右，室内试验显示，水温超过 31 ℃胚胎容易出现畸形。长系列资料显示，在鱼类繁殖季节，汉江基本不会出现超过 31 ℃高水温。故对于汉江四大家鱼的繁殖过程，低温 18 ℃是决定鱼类产卵起始日期的主要因素。不同河流家鱼繁殖的月份略有差别，长江一般在 4 月底至 7 月初，而汉江则基本集中在 5 月至 8 月，在汛期水温较高的时期产卵。

4.4.2 梯级开发对渔业资源累积影响分析

有研究显示，梯级开发项目可能对渔业资源产生影响，Tiffan[25] 发现美国哥伦比亚水电站运行后该流域附近大马哈鱼（*Oncorhynchus Keta*）的年产量减少 $5×10^6 ~ 1.1×10^7$ 条；李修峰等[26] 的研究结果表明，丹江口大坝及王甫洲大坝建设后，汉江中游的四大家鱼资源出现衰退现象。鱼类资源因梯级开发项目建设受到影响的主要因素一般分为直接因素和间接因素。一方面，梯级开发项目修建的水工建筑物对河流造成阻隔作用，对于鱼类生存的栖息地、产卵地、洄游通道等造成物理截断，改变鱼类生存的原始生境；另一方面，梯级开发项目建成后，上游蓄水、泄水活动，导致河流水文情势与水流条件随之发生变化，同时低温水下泄造成的水温分层现象可能会影响鱼类的产卵和肥育，高坝水电站泄流造成的气体过饱和可能导致鱼类气泡病，甚至导致鱼类死亡。因此关于梯级开发建设活动对渔业资源的影响机理也成为了梯级开发流域生态环境影响研究的关键问题。

4.4.2.1 梯级开发对鱼类资源的阻隔作用

梯级开发项目对鱼类洄游通道产生阻隔作用，使得原有的河流生态系统被人为分割成了不再连续的逐个环境单元，进而造成鱼类生境的碎片化[26-27]，因此，阻隔作用成为梯级开发项目对鱼类的最直接的影响要素。河流内栖息的鱼类，大部分为洄游性或半洄游性鱼类，在某个特定时期鱼类会因自身遗传、生理要求和外界环境影响等因素，周期性地定向往返移动，称为洄游。鱼类的洄游原因大致可分为以下 3 种：生殖性洄游、索饵性洄游和越冬性洄游。梯级开发的建设使得鱼类洄游通道被阻断[24]，栖息在下游的亲鱼无法穿越梯级开发设施至上游河流进行产卵繁殖活动，同时上游孵化的鱼卵、仔鱼也无法随水流进入下游进行生长发育（育肥），因此梯级开发项目的阻隔作用对于洄游性和半洄游性鱼类的生长繁殖产生了不利影响。梯级开发的阻隔作用通常会导致鱼类多样性降低，王强等[28]针对西南山地河流鱼类物种的研究结果显示，水利水电开发项目是导致河流中原有鱼类多样性降低的重要原因之一。鱼类多样性下降将导致鱼类资源量的减少或个别品种退化，甚至影响鱼类的繁殖活动。张与馨[29]针对长江中游四大家鱼产卵行为的研究显示，三峡水库蓄水后，库区内鱼类的组成结构发了变化，有些鱼类转移至库尾以上流域繁殖，有些鱼类选择在坝下繁殖，改变了鱼类原有的繁殖规律，使得一些鱼类的生长周期缩短，影响下游通江湖泊的渔业资源。有研究显示，由于梯级开发项目对流域内原有鱼类自然分布产生不同程度的影响，使得一部分鱼卵、仔稚鱼难以通过人工洄游通道，从而造成鱼类种群间的基因交流受到一定影响[30]。此外，由于种群数量较大的鱼类被梯级开发设施人为阻隔在不同库区，鱼类之间的基因交流受到影响，群体间可能出现遗传分化的现象，进而使种群数量原本较低的鱼类遗传多样性进一步降低，危及物种生存[30]。

根据 2013—2014 年和 2017—2019 年鱼类资源分布结果分析可知，汉江中下游主要经济鱼类是鲤、鲫、鳊、黄颡鱼、鲢、鳙和草鱼，梯级水利枢纽建设对汉江中下游鲤、鲫、鳊、鲇、鳜、鲌、鲴等定居性小型鱼类种群影响不大，对溯河洄游性的鲢、鳙、草鱼的种群分布影响较大。2013—2014 年兴隆枢纽上下游鲤、鲫、鳊、鲢、草鱼、鳙的分布比例存在差异，可能与梯级开发项目的建设有关。汉江中下游为汉江流域鱼类迁徙及交流的重要通道，随着梯级项目的开发建设，河流生境出现阻隔现象，鱼类溯河洄游通道被阻断，河流生态功能在一定程度上丧失。而根据 2018—2019 年不同江段渔获物组成结构比例显示，兴隆枢纽上下游鲤、鲫、鳊、鲢、草鱼、鳙分布差异有所缓解，这是由于随着梯级开发项目的建成运行，鱼类可通过溢洪道降河洄游或通过过鱼通道等设施洄游，因此梯级开发对于鱼类的活动及生境虽有影响却并未完全阻断。

4.4.2.2　梯级开发对鱼类资源的生境影响

梯级开发项目水工建筑物的建设活动会导致河流水文、水化学改变，进而导致河流内原有鱼类物种栖息地的形态改变和鱼类物种习性的变化[31]。这种变化将有可能直接或间接影响鱼类资源的分布情况和群落结构，对于梯级开发下库区段河流分布的土著鱼类资源，其产卵场可能将发生退化或迁移[22]，在此影响下，其他非优势种群将有可能代替原优势种[32]。目前，已有大量针对鱼类早期资源调查的研究证实了这种鱼类资源物种的更替现象及产卵场时空变化情况，Wang 等[33] 采用"遗传程序"计算方法，在考虑水流增加之后水体温度下降的基础上，采用定量线性和非线性的方法探讨水利开发设施建设前后，各类水文情势变化对家鱼产卵行为的影响。结果表明，水利开发设施建设引起的水位涨幅持续时间过短、水体过饱和等问题将导致幼鱼的丰度下降。Ligon 等[34] 发现梯级开发下洪水频率、洪峰量的减少可能导致下游鱼类产卵场面积缩小，不能形成鱼类产卵活动的有利条件，使鱼卵甚至种鱼在产卵过程中死亡，进而导致以此为食的鱼类或其他游泳动物种群数量减少。

另外，李婷等[35] 的研究指出，鱼类群落结构分布情况与流域内的泥沙输移、营养盐浓度、水生生物分布等生态要素息息相关，梯级开发项目建设引起的流速变化可能导致上述生态要素的改变。通常情况下，梯级开发项目使流域内的流速发生改变，不同河段的悬移质泥沙悬浮或沉积，会使鱼类分布情况随之变化。有研究表明，梯级开发使开发河段与自然河段之间的过渡段河流流速相对较为缓慢，水生生物相对丰富，有利于底栖型、喜流速的铜鱼（*Coreius heterodon*）幼鱼、圆口铜鱼（*Coreius guichenoti*）幼鱼及杂食性的黄颡鱼属（*Pelteobagrus*）育肥。

在食性方面，梯级开发项目建设使得原自然河段缩短，急流浅滩型栖息地减少，从而使杂食性鱼类减少而肉食性鱼类增加，肉食性鱼类的资源密度相对增加。此外，由于流水环境下块石和砾石底质更有利于底栖动物的生殖活动[36]，静水环境下底栖动物多样性会随底质粒径的减小而减少[37-38]，这使得肉食性鱼类和以肉食为主的杂食性鱼类在流速增加的流域的密度相对较高，植食性和以滤食为主的杂食性鱼类在流速相对降低的流域分布较多。相对于自然河段，梯级开发项目建设可能使部分水生植物分布发生变化，Jansson 等[39] 在开展对瑞典北部河流水生生物的研究时发现，梯级开发下游水生维管植物数量减少，由此判定以此为食的鱼类觅食活动将受到一定影响。

4.4.2.3 梯级开发对鱼类资源种类组成的影响

2017—2019 年与 2013—2014 年相比，由于梯级水利枢纽的建设，在汉江库区生境条件下的鱼类分布种类数明显减少，而且往上游呈递减趋势，这与大坝阻碍了鱼类的上溯通道有关，同时梯级水利枢纽的建设会阻碍鱼类种群的基因交流，使区域内原自然分布的种群受到不同程度的影响[30]。同时，兴隆上游水利枢纽相继运行后，库区段鱼类生境异质性将进一步降低，库区水流变缓，水深增加，急流生境有所萎缩，导致库区鱼类种类组成发生演变。2017—2019 年与 2013—2014 年相比，大型鱼类和小型鱼类资源分布产生变化，除了二者对于生境变化的适应能力存在差异外，鲤、鲫、草鱼等大型品种鱼类经人工放流的比例相对较高，这也是大型鱼类占比相对较高的原因之一。

2017—2019 年与 2013—2014 年鱼类种类调查中发现了外来物种斑点叉尾鮰（ *Ictalurus punctatus* ）等，以往的研究中也发现过外来物种。有研究显示，梯级开发项目的建设可能增加水体物种入侵的可能性，这是由于开发活动实施时自然河流受到比较明显的人类活动干扰，河流维持自身稳定和抵抗外来物种入侵的能力在一定程度上下降。梯级开发项目的蓄水系统为外来入侵生物提供了入侵和蔓延的场所，增加了非本地物种的成活率，因此河流库区段生态系统稳定时间的长短成了判断该河段是否容易受到外来物种入侵的主要要素之一，形成时间越短的生态系统，受到外来物种入侵干扰的可能性越大[40]。

4.4.2.4　梯级开发对鱼类资源量影响的分析

根据 2003—2004 年、2013—2014 年和 2018—2019 年渔业资源的渔获量调查结果，2003—2004 年兴隆枢纽上游渔获量约 10.18 kg/（日·船），2013—2014 年兴隆枢纽上游渔获量约 25.39 kg/（日·船），2018—2019 年兴隆枢纽上游渔获量约 31.4 kg/（日·船），渔获量呈增长的趋势，这与李婷等[35]针对金沙江梯级开发对鱼类资源影响的研究结果基本一致。在梯级开发下建设活动的影响导致鱼类栖息地变化，构筑物的阻隔作用使鱼类在建设活动期间数量减少。随着工程建成，生态环境逐渐恢复，鱼类经过一定时间的恢复作用，逐渐适应生境，数量逐渐增加。由此可知，鱼类生存在受到人类活动干扰的情况下会在一定时间内受到影响，但这种影响会随着人类活动的结束和鱼类自身的恢复而逐渐降低。2018—2019 年兴隆汉江中下游渔业资源的渔获量相较于 2013—2014 年有所增长（图 4.4-4），这与 2018 年以来开展的汉江中下游干流联合梯级调度有一定关联，由此说明，有效的梯级调度使得汉江中下游鱼类资源量增长，对于鱼类生境恢复有一定促进作用。

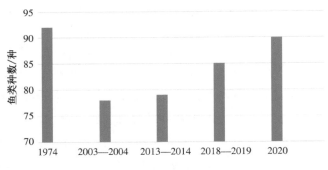

图 4.4-4　汉江中下游鱼类种数调查统计

4.4.3　梯级开发对鱼类产卵场累积影响分析

4.4.3.1　鱼类产卵条件

　　梯级开发项目的建设使汉江流域的水文条件发生变化，进而对该流域内的栖息鱼类产生复杂的影响，尤其对于在流水中繁殖的产漂流性鱼卵的鱼类影响更为显著[16]。河流及流域生态环境对产漂流性卵鱼类的生殖活动的影响是复杂的，目前已有的研究主要仅针对水位、水温、流速等主要水文条件开展分析讨论。

　　汉江中游河道弯曲[41]，鱼类资源丰富，是多种鱼类的栖息场所，也是四大家鱼天然产卵场之一[42]。汉江流域受东亚季风的影响，流域降水量具有比较明显的季节性变化特征，进而导致春夏季节水位上涨，秋冬季节水位下落，春夏季节水温逐渐上升，秋冬季节水温逐渐下降的变化趋势。而在汉江流域中产漂流性卵的鱼类，由此适应了外界条件的周期性变化，形成了在一定水温和涨水的条件下进行繁殖的生态习性[16]。

　　通常情况下，主要经济鱼类多在水温为 18 ℃左右开始产卵，产卵活动的水温上限普遍为 30 ℃左右，而某些鱼类例如鳡、长春鳊和赤眼鳟等在水温为 32 ℃时仍然能够产卵。流域水温与鱼类胚胎发育的速度密切相关，即水温低则发育慢，水温高则发育快。水位方面，涨水幅度在 0.01～9.39 m 时，都可能引起鱼类的繁殖活动，当日平均涨幅大于 0.4 m 时产卵活动较为剧烈。

　　在鱼类产卵繁殖的季节，河流流域涨水过程常伴随着水位升高、流量增大、流速加快、透明度减小等诸多水文要素的变化，其对鱼类繁殖的影响也是综合的。由于大多数鱼类的繁殖活动通常发生在河流上层，甚至在表层，因此流速的变化对于鱼类产卵活动往往起到了较为显著的作用。通常，在日均流速增加 0.01~1.87 m/s 的条件下，该流速可促进鱼类产卵活动，流速增加，产卵量也随之增大[16]。

4.4.3.2　梯级开发对汉江中下游鱼类产卵场的累积影响分析

梯级开发项目的建设可能通过多种因素影响鱼类产卵活动或产卵场的形成。梯级开发下游下泄的水流会对河道进行冲刷，以日周期甚至数小时为周期的泄流，加速了下游的侵蚀，交替暴露和淹没鱼类浅水栖息地，妨碍鱼类产卵[43]。梯级开发还会致使一些浅滩、水塘和急流的消失，从而使河道结构简单化，例如美国科罗拉多河（Colorado River）水资源综合开发项目中的胡佛大坝（Hoover Dam）修建后，坝下河流的河床下降，水位下降约 4 m；埃及尼罗河（Nile River）综合水利枢纽阿斯旺高坝（Aswan High Dam）建成后，下游河道泥沙的冲刷量超过 2 500 t[29]。这些河道结构的变化，都会致使河床底质中沙（石）的比例改变，从而导致栖息鱼类将无法产卵或鱼卵无法存活。此外，梯级开发项目泄水会使下游水的流速、水温、水位等水文要素产生变化，而这些要素正是刺激鱼类产卵的重要信号，因此，梯级开发对河流的调蓄作用必然会影响到鱼类的产卵活动。Dauble 等[44]针对美国哥伦比亚河（Columbia River）中游的研究显示，位于汉福德（Hanford）的奇努克鲑鱼（Chinook salmon）产卵场历史最大范围超过 900 km，哥伦比亚河水利设施建设后，加之当地环境污染状况愈加严重，产卵场缩减至汉福德以下 90 km 内；Ban 等[45]的研究表明，葛洲坝修建后，中华鲟（Acipenser sinensis）产卵场由原先的 800 km 减小到葛洲坝下 30 km。

根据 20 世纪 70 年代周春生等[16]针对汉江中游漂流性鱼卵的调查结果显示，1977 年汉江中下游总产卵量约 47 亿粒，鱼类组成主要为鲤科和鲇科，四大家鱼产卵量约 9 亿粒，产卵场包括王甫洲、茨河、襄樊、宜城、钟祥、马良和泽口。2004 年的产卵场调查显示[11]，汉江中下游四大家鱼产卵场包括郭滩、宜城、钟祥、马良，产漂流性卵鱼类的产卵量约 163.26 亿粒，其中四大家鱼产卵量约 0.93 亿粒，约占总产卵量的 0.57%。与 1977 年的调查相比，汉江中下游鱼类趋于小型化，经济鱼类资源出现衰退现象[46]。2007 年总产卵量约 57.46 亿粒，其中四大家鱼产卵量约 0.32 亿粒，约占总产卵量的

0.56%[19]。在2012年的调查结果中，汉江中下游鱼类产卵量呈现比较明显的下降趋势[18]，鱼类产卵量约为6.2亿粒，其中四大家鱼产卵量约为0.03亿粒，约占总产卵量的0.48%，四大家鱼产卵场为宜城、钟祥、马良、泽口。2013—2014年的调查显示，2013年汉江干流鱼类产卵量约5.15亿粒，其中四大家鱼产卵量约0.32亿粒，约占6.21%，2014年汉江干流鱼类产卵量约3.02亿粒，未收集到四大家鱼鱼卵[47]。2020年开展的调查中发现鱼类产卵量约4.23亿粒，四大家鱼产卵量约0.43亿粒，约占10.17%[48]。

相关调查统计结果如图4.4-5、表4.4-2~表4.4-3所示。

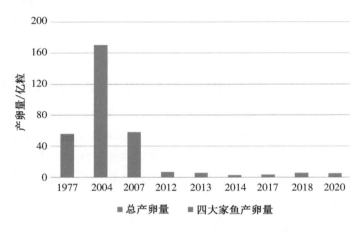

图4.4-5　汉江中下游产卵场产卵总量和四大家鱼产卵量

由此可知，汉江中下游鱼类资源及鱼类产卵活动随汉江中下游梯级开发项目的建设影响较为显著，20世纪70年代为汉江中下游梯级开发项目起步阶段，中下游河段基本处于自然河流状态，鱼类资源受人类活动影响不显著。其后，梯级开发项目逐渐建成，汉江中下游鱼类资源量在大坝阻隔，水温、流速、涨水量发生变化的影响下逐年下降，并逐渐趋于稳定。由于汉江中下游目前已建梯级项目均为径流式电站，在丰水年（2020年），基本上"来多少，泄多少"，对洪水调节能力弱，洪水期汉江中下游基本上能维持较好的自然水文过程，对鱼类产卵繁殖影响较小。而在平水年和枯水年，通过汉江中下游联合生态调度，可以促进产漂流性卵鱼类繁殖，兴隆枢纽的敞泄，不仅有利于坝下亲鱼上溯产卵场，使库区江段原有产卵场满足鱼类产卵繁殖所需水文、水力学条件，也有利于受精卵顺利漂流下坝，产生良好的生态效应。

表 4.4-2 汉江中下游产卵鱼类主要产卵场及产卵量统计

项目		1977年		2004年		2007年		2012年		2013年		2014年		2017年		2018年		2020年	
产卵场数量/个		10		9		—		8		—		3		—		8		9	
	项目	数量/(×10⁸粒)	占比/%	数量/(×10⁸粒)	占比/%	数量/(×10⁸粒)	占比/%	数量/(×10⁸粒)	占比/%	数量/(×10⁸粒)	占比/%	数量/(×10⁸粒)	占比/%	数量/(×10⁸粒)	占比/%	数量/(×10⁸粒)	占比/%	数量/(×10⁸粒)	占比/%
产卵量	总产卵量	47	100	163.26	100	57.46	100	6.2	100	5.15	100	3.02	100	3.42	100	4.77	100	4.23	100
	四大家鱼产卵量	9	19.15	0.93	0.57	0.32	0.56	0.03	0.48	0.32	6.21	—	—	—	—	0.24	5.03	0.43	10.17

注:表中"/"表示未开展调查,"—"表示调查期间未发现样本。

表 4.4-3 汉江中下游产卵鱼类资源统计

项目		1974年		2003—2004年		2013—2014年		2018—2019年		2020年	
种类分布/种		92		78		79		85		90	
		兴隆上	兴隆下	汉江中下游	兴隆上	兴隆下	汉江中下游	兴隆上	兴隆下	汉江中下游	兴隆上	兴隆下	汉江中下游
渔获量/[kg/(日·船)]		—	—	—	10.18	—	—	25.39	17.52	22.66	34.1	31.5	32.8	—	—	—

4.4.3.3 梯级开发对产卵场预测分析

（1）2020 年，受南水北调影响，虽然研究区域在汛期有明显的涨水过程，但是来流流量减少，洪峰经过丹江口枢纽的调控和坦化后，涨水幅度和持续时间均有缩减。5—8 月，汉江中下游余家湖至兴隆库尾区间河段满足产漂流性卵鱼类繁殖产卵要求的涨水过程 3～5 次，每次持续时间 3～5 d，繁殖季节符合产漂流性卵鱼类繁殖的生态水文要素控制指标阈值的天数约 14～20 d。关家山与邓家台（2020 年已消失）两个鱼类产卵场受到上述因素的影响，产卵场规模呈减小趋势，兴隆坝下泽口产卵场受不利影响较小。

（2）雅口枢纽建成后，导致崔家营至雅口河段流水生境萎缩，加之库区水位升高，流速减缓，宜城产卵场淹没，基本不再具备产漂流性卵鱼类繁殖的条件。兴隆库尾至雅口坝下存在约 100 km 的流水江段，关家山与邓家台两个鱼类产卵场尚具备产卵条件，但因下游兴隆库区水流减缓，受精卵漂流距离难以保证，进入库区后随着水流减缓，受精卵可能下沉至库底，进而影响其成活率。王甫洲、崔家营、雅口枢纽均为径流型枢纽，仅具备日调节功能，基本不会改变繁殖期的涨水过程，但对小流量洪峰具有一定的坦化作用。受此影响，虽然关家山与邓家台两个产卵场仍能产生 4～5 次满足产漂流性卵鱼类繁殖产卵要求的涨水过程，但总体上符合产漂流性卵鱼类繁殖的生态水文要素控制指标阈值的天数将减少 1～2 d，产卵场规模将进一步受到影响。兴隆坝下泽口产卵场水文要素与 2020 年相比变化不大。

（3）碾盘山枢纽建成后，其将导致库区水位升高，尾水范围达到雅口坝下，关家山产卵场淹没，库区不再具备产漂流性卵鱼类繁殖条件。受来流减少和梯级水库运行的影响，丹江口至兴隆段汉江干流仅在碾盘山坝下至兴隆库尾尚能保留约 50 km 流水江段，虽然该江段仍能产生 3～5 次满足产漂流性卵鱼类繁殖产卵要求的涨水过程，但受精卵漂流距离难以保证。加之碾盘山和兴隆枢纽对成熟亲鱼上溯洄游产生不利影响，预计邓家台产卵场将受到一定影响。

受引江济汉工程影响，兴隆以下汉江下游干流流量受影响相对较小，但由于梯级建设对小规模洪峰的坦化作用，汉江下游在小流量洪峰通过其间的涨水过程不能满足产漂流性卵鱼类繁殖要求。根据预测，兴隆下游泽口产卵场可产生 4～5 次满足产漂流性卵鱼类繁殖的生态水文要素控制指标阈值的涨水过程，共计约 20 d。

参考文献

［ 1 ］ 刘建康. 高级水生生物学［M］. 北京：科学出版社，1999.

［ 2 ］ 胡鸿钧，魏印心. 中国淡水藻类——系统、分类及生态［M］. 北京：科学出版社，2006.

［ 3 ］ 孙军. 海洋浮游植物与生物碳汇［J］. 生态学报，2011，31（18）：5372-5378.

［ 4 ］ 冯天翼，宋超，陈家长. 水生藻类的环境指示作用［J］. 中国农学通报，2011，27（32）：257-265.

［ 5 ］ REYNOLDS C S. Phytoplankton assemblages and their periodicity in stratifying lake systems［J］. Ecography，1980，3（3）：141-159.

［ 6 ］ SALMASO N，PADISÁK J. Morpho-functional groups and phytoplankton development in two deep lakes（Lake Garda，Italy and Lake Stechlin，Germany）［J］. Hydrobiologia，2007，578（1）：97-112.

［ 7 ］ PADISÁK J，CROSSETTI L O，NASELLI-FLORES L. Use and misuse in the application of the phytoplankton functional classification：A critical review with updates［J］. Hydrobiologia，2009，621（1）：1-19.

［ 8 ］ KRUK C，HUSZAR V L M，PEETERS E T H M，et al. A morphological classification capturing functional variation in phytoplankton［J］. Freshwater Biology，2010，55（3）：614-627.

［ 9 ］ 王岳，夏爽，裴国凤，等. 长江干流湖北段浮游藻类群落结构特征［J］. 生态与农村环境学报，2015，31（6）：916-922.

［10］ BLINN D W. Diatom community structure along physicochemical gradients in Saline Lakes［J］. Ecology，1993，74（4）：1246-1263.

［11］ 杜红春. 汉江干流浮游生物群落结构和功能群特征及水质评价［D］. 武汉：华中农业大学，2020.

［12］ 邬红娟，余秋梅，沈蕴芬，等. 汉江中下游河段生态系统结构特征及其沿程变化［J］. 华中科技大学学报（自然科学版），2005，33（10）：99-101.

［13］ 潘晓洁，朱爱民，郑志伟，等. 汉江中下游春季浮游植物群落结构特征及其影响因素［J］. 生态学杂志，2014，33（1）：33-40.

［14］ 买占，李诗琦，郭超，等. 汉江中下游浮游植物群落结构及水质评价［J］. 生物资源，2020，42（3）：271-278.

［15］ 殷会娟，冯耀龙. 河流生态环境健康评价方法研究［J］. 中国农村水利水电，

2006，（4）：55-57.

[16] 周春生，梁秩燊，黄鹤年，等. 兴修水利枢纽后汉江产漂流性卵鱼类的繁殖生态[J]. 水生生物学报，1980，7（2）：175-188.

[17] 李修峰，黄道明，谢文星，等. 汉江中游产漂流性卵鱼类产卵场的现状[J]. 大连水产学院学报，2006，21（2）：105-111.

[18] 秦烜，陈君，向芳. 汉江中下游梯级开发对产漂流性卵鱼类繁殖的影响[J]. 环境科学与技术，2014，37（S2）：501-506.

[19] 谢文星，黄道明，谢山，等. 丹江口水利枢纽兴建后汉江中下游四大家鱼等早期资源及其演变[J]. 水生态学杂志，2009，2（2）：44-49.

[20] 汪登强，高雷，段辛斌，等. 汉江下游鱼类早期资源及梯级联合生态调度对鱼类繁殖影响的初步分析[J]. 长江流域资源与环境，2019，28（8）：1909-1917.

[21] 余志堂，邓中舜，许蕴玕，等. 丹江口水利枢纽兴建后的汉江鱼类资源. 鱼类学论文集[C]. 北京：科学出版社，1981.

[22] 李翀，廖文根，陈大庆，等. 三峡水库不同运用情景对四大家鱼繁殖水动力学影响[J]. 科技导报，2008，26（17）：55-61.

[23] 陈永柏，廖文根，彭期冬，等. 四大家鱼产卵水文水动力特性研究综述[J]. 水生态学杂志，2009，30（2）：130-133.

[24] 易雨君，乐世华. 长江四大家鱼产卵场的栖息地适宜度模型方程[J]. 应用基础与工程科学学报，201119（S1）：117-122.

[25] TIFFAN K F. A spatial model to assess the effects of hydropower operations on Columbia River fall chinook salmon spawning habitat[J]. North American Journal of Fisheries Management，2011，29（5）：1379-1405.

[26] 李修峰，黄道明，谢文星，等. 汉江中游江段四大家鱼产卵场现状的初步研究[J]. 动物学杂志，2006，41（2）：76-80.

[27] 常剑波，陈永柏，高勇，等. 水利水电工程对鱼类的影响及减缓对策. 中国水利学会2008年学术年会论文集（上册）[C]. 北京：中国水利水电出版社，2008.

[28] 王强，袁兴中，刘红，等. 引水式小水电对西南山地河流鱼类的影响[J]. 水力发电学报，2013，32（2）：133-138，158.

[29] 张与馨. 长江中游四大家鱼之草鱼产卵行为的生态水力学研究[D]. 重庆：重庆交通大学，2017.

[30] 彭才喜，闫峰陵，翟红娟. 金沙江攀枝花河段水电梯级开发对鱼类资源影响及对策研究. 2020中国环境科学学会科学技术年会论文集（第二卷）[C]. 北京：中国农业大学出版社，2020.

[31] PEŇáZ M, BARUŠ V, PROKEŠ M. Changes in the structure of fish assemblages in a river used for energy production [J]. Regulated Rivers: Research & Management, 1999, 15 (1-3): 169-180.

[32] TAYLOR C A, KNOUFT J H, HILAND T M. Consequences of stream impoundment on fish communities in a small North American drainage [J]. Regulated Rivers: Research & Management, 2001, 17 (6): 687-698.

[33] WANG J N, LI C, DUAN X B, et al. Variation in the significant environmental factors affecting larval abundance of four major Chinese carp species: fish spawning response to the Three Gorges Dam [J]. Freshwater Biology, 2014, 59 (7): 1343-1360.

[34] LIGON F K, DIETRICH W E, TRUSH W J. Downstream Ecological Effects of Dams [J]. BioScience, 1995, 45 (3): 183-192.

[35] 李婷, 唐磊, 王丽, 等. 水电开发对鱼类种群分布及生态类型变化的影响——以溪洛渡至向家坝河段为例 [J]. 生态学报, 2020, 40 (4): 1473-1485.

[36] 段学花, 王兆印, 田世民. 河床底质对大型底栖动物多样性影响的野外试验 [J]. 清华大学学报 (自然科学版), 2007, 47 (9): 1553-1556.

[37] 简东, 黄道明, 常秀岭, 等. 红水河干流梯级运行后底栖动物的演替 [J]. 水生态学杂志, 2010, 3 (6): 12-18.

[38] 张志英, 袁野. 溪落渡水利工程对长江上游珍稀特有鱼类的影响探讨 [J]. 淡水渔业, 2001, 31 (2): 62-63.

[39] JANSSON, R, NILSSON C, RENOFALT B. Fragmentation of riparian floras in rivers with multiple dams [J]. Ecology, 2000, 81 (4): 899-903.

[40] 谭婕. 横江水电开发对水生生态环境影响分析 [D]. 成都: 西南交通大学, 2012.

[41] 沈玉昌. 汉水河谷的地貌及其发育史 [J]. 地理学报, 1956, 22 (4): 296-323.

[42] 曹文宣, 常剑波, 乔晔, 等. 长江鱼类早期资源 [M]. 北京: 中国水利水电出版社, 2007.

[43] 易雨君. 长江水沙环境变化对鱼类的影响及栖息地数值模拟 [D]. 北京: 清华大学, 2008.

[44] DAUBLE D D, WATSON D G. Status of Fall Chinook Salmon Populations in the Mid-Columbia River, 1948—1992 [J]. North American Journal of Fisheries Management, 1997, 17 (2): 283-300.

[45] BAN X, DU Y, LIU H Z, et al. Applying instream flow incremental method for the spawning habitat protection of Chinese Sturgeon (Acipenser sinensis) [J]. River Research & Applications, 2011, 27 (1): 87-98.

［46］刘建康，曹文宣. 长江流域的鱼类资源及其保护对策 ［J］. 长江流域资源与环境，1992, 1（1）：17-23.

［47］汉江中下游鱼类资源与产卵场现状调查研究报告 ［Z］. 湖北省水产科学研究所，2015.

［48］引江补汉工程环境影响报告书 ［Z］. 长江水资源保护科学研究所，2022.

第 5 章

评价方法与指标体系构建及应用

5.1　评价指标体系构建

5.1.1　构建原则

梯级开发累积环境影响涉及生态、环境、社会经济等多个方面，建立一个具有科学性、完备性及实用性的综合评价指标体系，是一件复杂而又困难的系统工程。建立汉江中下游干流累积环境影响评价指标体系应该依据中华人民共和国水利部组织修订的《水利建设项目经济评价规范》（SL 72—2013）以及中华人民共和国农业部（现中华人民共和国农业农村部）制定的《渔业生态环境监测规范》（SC/T 9102—2017）等，并参考相似工程[1]的评价指标与方法，客观评价和反映水利枢纽梯级开发对汉江中下游干流生态环境的影响。为此，评价指标体系的构建应该遵循科学性、系统性、代表性、独立性、层次性、可比性、定量与定性相结合和预测性原则[2-5]。

5.1.2　评价因子

环境系统及主要指标包括：①水环境系统：水文、泥沙、水温、水质等；②生态环境系统：陆生生态、水生生态等；③社会环境系统：经济、社会、移民、排水、文物古迹以及航运等。

本次评价选择其中水文、水质、水温、水生生态、生态移民满意度调查等指标进行定量评价。

5.1.3　评价指标体系

为了正确预测汉江中下游干流梯级开发对环境累积的影响，根据汉江中下游干流梯级开发特点、流域环境状况、变化趋势及梯级开发环境影响特点，遵循评价指标体系构建的原则，本项目以水环境—水生生态—社会环境为模型，结合实际调研，建立汉江中下游干流梯级开发累积环境影响评价指标体系，详见表 5.1-1、表 5.1-2。

表 5.1-1　汉江中下游干流梯级开发累积环境影响评价指标体系表

总目标层	一级指标	二级指标	三级指标
汉江中下游干流梯级开发累积环境影响评价指标体系	水环境	径流 C1	生态流量保障程度 D1
		水温 C2	水温变化程度 D2
		水质 C3	水体自净能力 D3
			水质优劣程度 D4
			综合营养指数 D5
	生态环境	水生生态	鱼类保有指数 D6
			浮游植物多样性指数 D7
	社会环境	生态移民	公众满意度 D8

表 5.1-2　汉江中下游干流梯级开发水环境影响评价指标体系表

总目标层	一级指标	二级指标	三级指标
汉江中下游干流梯级开发累积环境影响评价指标体系	水环境	径流 C1	生态流量保障程度 D1
		水温 C2	水温变化程度 D2
		水质 C3	水质优劣程度 D3
			水体自净能力 D4

5.2　评价方法筛选

5.2.1　评价方法比选

目前常用的非污染生态影响评价方法[6] 主要有：图形叠置法、主成分分析法、生态机理分析法、生态足迹综合评价法、类比法、综合指标法、层次分析法、模糊综合评价法、矩阵法等。

通过分析可见，图形叠置法比较适用于铁路、公路选线或者沿海开发等，而且不易定量。矩阵法具有主观性较大的缺点，常常与指标筛选的客观性有悖，使得评价结果为决策者的主观意志所影响。主成分分析法对于非线性关系指标之间计算偏差较大，并且评价因素越多，降维处理时遗失的有用的信息就越多，误判的可能性就越大。生态机理分析法主要适用于对动植物及其生态条件影响的分析，而对于广义生态环境评价并不适用。模糊综合评价法中隶属函数的建立有一定的主观性，但这并不是单凭主观想法任意臆造的，而必须以客观实际为基础，所以说隶属函数是在客观规律的基础上经过人们的综合分析、加工改造而建立的，是客观事物本质属性经人脑加工后的表现。模糊综合评价法可以将定性指标进行模糊化处理，并将各指标影响评价值分布于 $[0, 1]$ 的连续区间上，避免了相近评价值的不可分辨性。同样，层次分析法可以处理某些难以完全用定量方法分析的复杂问题。综上所述，结合梯级开发累积环境影响评价的特点，选择在评价模型的建立中将多目标决策技术中的模糊评价法与层次分析法两种方法结合起来，建立多层次模糊综合评价模型。

5.2.2 多层次模糊综合评价法

通过比选，采用多层次模糊综合评价法，对汉江中下游干流梯级开发环境累积影响按照上述评价体系的指标进行模糊评判，并求出定量的综合评价结果。综合评价方法简要过程如下：

首先，确定评价指标集 $U = \{U_1, U_2, \cdots, U_n\}$，通过频度分析法初步筛选文献和研究中采用的评价指标，再根据研究区域实际情况进一步筛选、确定评价指标。用层次分析法建立评价指标体系，目标层为汉江中下游河流健康综合评价，将系统中影响河流健康的因素分成若干层次，确定准则层和指标层。

其次，确定指标权重集 $W = \{W_1, W_2, \cdots, W_n\}$，利用层次分析法确定指标权重的基本步骤为：① 构造判断矩阵，通过专家咨询法确定各指标间的重要性比较标度值并以此构造判断矩阵。② 计算权重值，指标的权重值为判断矩阵的最大特征根 λ_{max} 所对应的特征向量，用方根法进行计算。③ 一致性检验，主观判断得到的判断矩阵可能存在不具有一致性的情况，因此要对矩阵进行一致性检验。一致性检验方法为：计算一致性比率 $CR = \dfrac{CI}{RI}$，若 $CR < 0.1$，则认为通过一致性检验，否则需要重新构造判断矩阵，直到通过一致性检验。其中，一致性指标 $CI = \dfrac{\lambda_{max} - n}{n - 1}$，$RI$ 值通过查表得到。

再次，确定评语集 $V = \{V_1, \quad V_2, \quad \cdots, \quad V_n\}$，即确定评价等级和评价标准，通过查阅现行标准和相关科研文献确定。

最后，确定隶属度集 $F = \{F_1, \quad F_2, \quad \cdots, \quad F_n\}$，将各指标实际值与等级标准比较得到指标对相应等级的隶属度，建立隶属度矩阵。

5.3 案例应用

5.3.1 指标权重

本研究收集了汉江中下游干流常规水文和水质监测站的历史监测数据、1980 年以前鱼类调查资料和水资源开发利用相关资料，获取了 2019 年的水质和水生生态的现状监测资料，调查了公众对河流健康的满意程度。本研究在对研究区域进行深入调研的基础上，对比不同的评价方法和评估准则，建立汉江中下游河流健康综合评价模型，对 2012 年、2018 年、2020 年汉江中下游河流健康状况进行综合评价。

根据层次分析法的原理，从第二层开始对同一层的因素用成对比较法和 1~9 标度法比较每层各个指标之间的相互重要性以构造判断矩阵，1~9 标度含义如表 5.3-1 所示。分别计算 A－B 与 B－C 判断矩阵的特征向量及最大特征根并进行一致性检验，最终得到指标层和准则层各指标的权重，根据权重大小进行排序，可以得到各指标的相对重要性顺序，计算结果列于表 5.3-2 和表 5.3-3。

表 5.3-1　1~9 标度含义及说明

因素 i 比因素 j	量化值
同等重要	1
稍微重要	3
较强重要	5
强烈重要	7
极端重要	9
两相邻判断的中间值	2、4、6、8
倒数	$a_{ij} = 1/a_{ji}$

表 5.3-2 指标权重结果计算表

总目标层	一级指标	二级指标	三级指标
汉江中下游干流梯级开发累积环境影响评价指标体系	水环境	径流 C1（0.25）	生态流量保障程度 D1
		水温 C2（0.1875）	水温变化程度 D2
		水质 C3（0.1875）	水体自净能力 D3（0.3）
			水质优劣程度 D4（0.4）
			综合营养指数 D5（0.3）
	生态环境	水生生态 C4（0.3125）	鱼类保有指数 D6（0.75）
			浮游植物多样性指数 D7（0.25）
	社会环境	生态移民 C5（0.0625）	公众满意度 D8

表 5.3-3 水环境指标权重结果计算表

总目标层	一级指标	二级指标	三级指标
汉江中下游干流梯级开发累积环境影响评价指标体系	水环境	径流 C1（0.417）	生态流量保障程度 D1
		水温 C2（0.25）	水温变化程度 D2
		水质 C3（0.333）	水质优劣程度 D3（0.6）
			综合营养指数 D4（0.4）

5.3.2 评价标准

由于各项指标的性质不同，评价标准和等级划分也存在差异，因此需要建立综合评价标准，将各指标的评价等级与评价标准对应起来，便于后续进行综合评价。在借鉴现有研究成果和规范标准的基础上，咨询相关专家，制定了定性和定量指标的评价等级，指标评价等级特征见表 5.3-4。

表 5.3-4 指标评价等级特征

指标层	等级特征				
	理想健康	健康	亚健康	不健康	病态
生态流量保障程度	≥50	40	30	10	<10
水温变化程度	100	75	50	25	0

（续表）

指标层	等级特征				
	理想健康	健康	亚健康	不健康	病态
水体自净能力	≥7.5	≥6	≥3	≥2	0
水质优劣程度	100	80	60	40	20
综合营养指数	<30	[30, 50]	(50, 60]	(60, 70]	>70
鱼类保有指数/%	100	75	50	25	0
浮游植物多样性指数	>5	(4, 5]	(3, 4]	(0, 3]	0
公众满意度	100	80	60	30	0

5.3.3 模糊综合评价

5.3.3.1 汉江中下游干流健康评价

首先根据各指标对河流健康程度的不同响应关系对指标进行分类，以确定隶属度矩阵。单项指标值与河流健康程度呈正相关关系的指标为正向指标，包括径流、鱼类保有指数等指标；单项指标值与河流健康程度呈负相关关系的指标为逆向指标，包括综合营养指数等指标。用隶属度来描述元素与模糊集合之间的关系，以隶属函数来表示，隶属度是大于 0 小于 1 的正数，其值越接近 1，说明该元素隶属于这个集合的程度越大。首先划定评价等级 $V_1 \sim V_5$，分别对应评价标准的"理想健康"、"健康"、"亚健康"、"不健康"和"病态"五个等级特征。定性指标采用专家打分法确定隶属度，指标对 V_N 的隶属度等于认为该指标处于此等级的专家人数除以参与打分的专家总人数，定量指标的隶属函数计算方法如下：

（1）正向指标

① 若 $X > V_1$，则 X 对于 V_1 的隶属度为 1，对于其他等级隶属度为 0；

② 若 $V_{N+1} < X < V_N$，那么 X 对于 V_{N+1} 的隶属度 $D = \dfrac{V_N - X}{V_N - V_{N+1}}$，对于 V_N 的隶属度为 $1 - D$，对于其他等级隶属度为 0；

③ 若 $X < V_5$，那么 X 对于 V_5 的隶属度为 1，对于其他等级隶属度为 0；

（2）逆向指标

① 若 $X < V_1$，则 X 对于 V_1 的隶属度为 1，对于其他等级隶属度为 0；

② 若 $V_N < X < V_{N+1}$，那么 X 对于 V_{N+1} 的隶属度 $D = \dfrac{X - V_N}{V_{N+1} - V_N}$，对于 V_N 的隶属度为 $1 - D$，对于其他等级隶属度为 0；

③ 若 $X > V_5$，那么 X 对于 V_5 的隶属度为 1，对于其他等级隶属度为 0。

根据上述方法计算各指标的隶属度，计算结果如表 5.3-5 所示。

表 5.3-5　指标隶属度计算结果

评价指标	对评价等级的隶属度				
	理想健康	健康	亚健康	不健康	病态
生态流量保障程度	0.451	0.549	0	0	0
水温变异程度	0	0.377 6	0.622 4	0	0
水体自净能力	1	0	0	0	0
水质优劣程度	0	0	0.964	0	0
水体营养状况	0	0.54	0.46	0	0
鱼类保有指数	1	0	0	0	0
浮游植物多样性指数	0	0	0.059 4	0.940 6	0
公众满意度	0	0.976	0.024	0	0

模糊综合评价是根据评价指标体系的准则层进行分层模糊评价，将计算得出的权重集和隶属度集进行模糊合成运算，模糊算子采用乘法有界算子。以准则层为例，计算过程如下：

$$S_1 = W_1 \cdot F_1 = (w_1,\ w_2,\ w_3) \cdot \begin{pmatrix} f_{11} & f_{12} & f_{13} & f_{14} & f_{15} \\ f_{21} & f_{22} & f_{23} & f_{24} & f_{25} \\ f_{31} & f_{32} & f_{33} & f_{34} & f_{35} \end{pmatrix}$$

$$= (0.3,\ 0.4,\ 0.3) \cdot \begin{pmatrix} 1 & 0 & 0 & 0 & 0 \\ 0 & 0 & 0.964 & 0.036 & 0 \\ 0 & 0.54 & 0.46 & 0 & 0 \end{pmatrix}$$

$$= (0.3,\ 0.162,\ 0.523\,6,\ 0.014\,4,\ 0)$$

按照与上文所述的相同步骤，分别计算出各准则层的模糊综合评价矩阵 **S**，模糊评价结果列于表 5.3-6。

表 5.3-6　准则层模糊评价结果

准则层	健康评价结果				
	理想健康	健康	亚健康	不健康	病态
径流 C1	0.451	0.549	0	0	0
水温 C2	0	0.377 6	0.622 4	0	0
水质 C3	0.3	0.162	0.523 6	0.014 4	0
水生生态 C4	0.75	0	0.015	0.235	0
生态移民 C5	0	0.976	0.024	0	0

根据准则层 B 相对目标层 A 的权重和分层模糊综合评价结果进行河流健康模糊综合评价，得出汉江中下游河流健康状况结果，见表 5.3-7。根据模糊综合评价结果可以看出，研究区域对"理想健康"等级的隶属度最大，为 0.403，因此汉江中下游河流基本处于健康的状态。

表 5.3-7　目标层模糊评价结果

目标层	模糊综合评价结果				
	理想健康	健康	亚健康	不健康	病态
河流健康综合指数	0.403	0.3	0.221	0.076	0

从图 5.3-1 中可以看出，鱼类保有指数为"理想健康"状态，表明汉江中下游鱼类种类和数量没有明显变化；水质指标为"亚健康"，表示汉江中下游水质状况略差，需引起重视；浮游植物多样性指数为"不健康"状态，表明浮游植物群落多样性较低，群落稳定性较差；生态流量保障程度和水体营养状况等指标没有出现对某一状态隶属度很高的情况，基本处于"健康"状态，说明情况尚可。模糊综合评价计算结果表明汉江中下游河流生态系统对"理想健康"状态的隶属度最大，说明流域整体上未受较大的影响，梯级枢纽开发建设过程中的相应生态保护措施是有显著成效的。

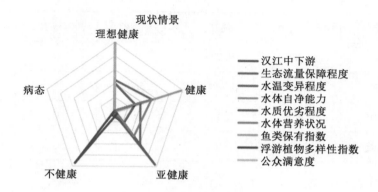

图 5.3-1 各指标隶属度雷达图

5.3.3.2 不同情境下汉江中下游干流水环境健康评价

根据上述方法计算 2012 年、2018 年、2020 年各指标的隶属度，计算结果如表 5.3-8～表 5.3-10 所示。

表 5.3-8 2012 年各指标隶属度结果

指标	理想健康	健康	亚健康	不健康	病态
流量（生态流量保障程度）	1	0	0	0	0
水温（水温变异程度）	0	0.094	0.906	0	0
水质（水质优劣程度）	0.875	0.125	0	0	0
溶解氧	1	0	0	0	0

表 5.3-9 2018 年各指标隶属度结果

指标	理想健康	健康	亚健康	不健康	病态
流量	0.573	0.427	0	0	0
水温	0	0	0.874 4	0.125 6	0
水质	0.875	0.125	0	0	0
溶解氧	1	0	0	0	0

表 5. 3-10　2020 年各指标隶属度结果

指标	理想健康	健康	亚健康	不健康	病态
流量	0. 288	0. 712	0	0	0
水温	0	0. 439 2	0. 560 8	0	0
水质	0. 875	0. 125	0	0	0
溶解氧	1	0	0	0	0

从图 5. 3-2~图 5. 3-4 和表 5. 3-8~
表 5. 3-10 中可以看出，生态流量保障
程度指标 2012、2018 年处于"理想健
康"状态，2020 年处于"健康"状态；
水温变异程度指标 2012 年、2018 年和
2020 年均处于"亚健康"状态，水质
和溶解氧两个指标均处于"理想健康"
状态，并且 3 个年份之间没有明显
变化。

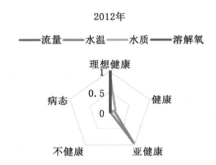

图 5. 3-2　**2012 年各指标隶属度雷达图**

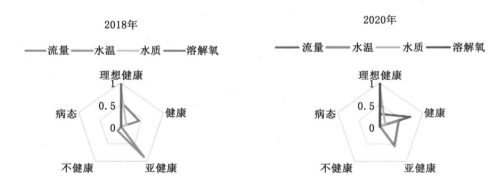

图 5. 3-3　**2018 年各指标隶属度雷达图**　　图 5. 3-4　**2020 年各指标隶属度雷达图**

将各层次指标隶属度与指标权重进行模糊综合运算，最终得到 2012 年、
2018 年、2020 年水环境模糊综合评价结果，如表 5. 3-11 所示。

表 5.3-11 模糊综合评价结果

准则层	健康评价结果				
	理想健康	健康	亚健康	不健康	病态
2012 年	0.72	0.053	0.227	0	0
2018 年	0.542	0.208	0.219	0.031	0
2020 年	0.423	0.437	0.14	0	0

汉江中下游干流在 2012 年、2018 年和 2020 年的河流健康状况如图 5.3-5 所示，由图 5.3-5、表 5.3-11 可以看出，2012 年、2018 年、2020 年汉江中下游水环境健康状况呈现逐渐由 "理想健康" 状态变为 "健康" 状态的趋势，2012 年和 2018 年对 "理想健康" 等级的隶属度最大，2020 年则对 "健康" 等级的隶属度最大。这种变化趋势主要是由生态流量保障程度（流量）和水温变异程度（水温）两项指标引起的，原因是汛期生态流量占汛期多年平均流量的百分比逐渐减少和周平均水温变化程度逐渐变大，但变化的幅度不大，因此综合评价结果仍为 "健康" 状态。

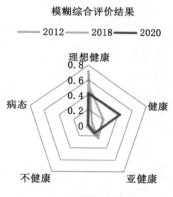

图 5.3-5 模糊综合评价结果雷达图

5.3.3.3 典型断面水环境健康评价

利用数模预测的汉江中下游水环境变化情况，分别评价了雅口坝上、坝下和碾盘山坝上、坝下水环境健康状况，分析不同工况条件下汉江中下游水环境变化情况。雅口坝上各指标隶属度计算结果如表 5.3-12、图 5.3-6 所示。流量和溶解氧指标为 "理想健康" 状态，水温指标为 "健康" 状态，水质指标为 "亚健康" 状态。雅口坝下各指标隶属度计算结果如表 5.3-13、图 5.3-7 所示，雅口坝下溶解氧指标为 "理想健康" 状态，流量指标为 "健康" 状态，水温和水质指标为 "亚健康" 状态，表明坝下的流量、水温两指标的情况劣于坝上。

表 5.3-12　雅口坝上各指标隶属度结果

	理想健康	健康	亚健康	不健康	病态
流量	0.64	0.36	0	0	0
水温	0	0.529 6	0.470 4	0	0
水质	0	0	0.81	0.19	0
溶解氧	1	0	0	0	0

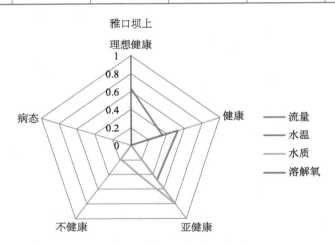

图 5.3-6　雅口坝上各指标隶属度雷达图

表 5.3-13　雅口坝下各指标隶属度结果

	理想健康	健康	亚健康	不健康	病态
流量	0.362	0.638	0	0	0
水温	0	0.313 6	0.686 4	0	0
水质	0	0	0.65	0.35	0
溶解氧	1	0	0	0	0

从表 5.3-14、表 5.3-15、图 5.3-8、图 5.3-9 中可以看出，碾盘山坝上、坝下流量指标均处于"健康"状态，水温指标和水质指标处于"亚健康"状态；溶解氧指标处于"理想健康"状态，坝上、坝下没有明显差异。

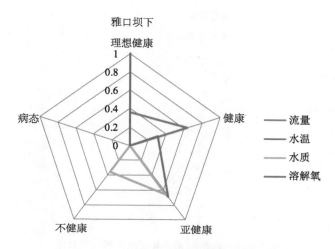

图 5.3-7　雅口坝下各指标隶属度雷达图

表 5.3-14　碾盘山坝上各指标隶属度结果

	理想健康	健康	亚健康	不健康	病态
流量	0.404	0.596	0	0	0
水温	0	0.196	0.804	0	0
水质	0	0	0.781 5	0.218 5	0
溶解氧	1	0	0	0	0

表 5.3-15　碾盘山坝下各指标隶属度结果

	理想健康	健康	亚健康	不健康	病态
流量	0.112	0.888	0	0	0
水温	0	0	0.980 4	0.019 6	0
水质	0	0	0.63	0.37	0
溶解氧	1	0	0	0	0

　　将各层次指标隶属度与指标权重进行模糊综合运算，最终得到水环境模糊综合评价结果，如表 5.3-16 所示，雷达图如图 5.3-10 所示。

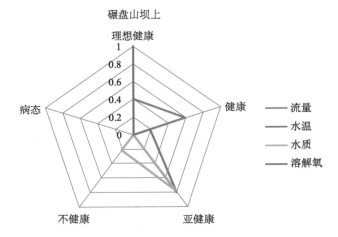

图 5.3-8　碾盘山坝上各指标隶属度雷达图

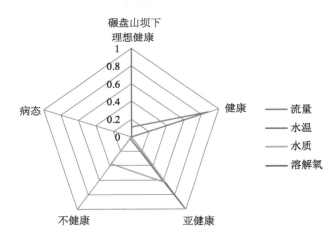

图 5.3-9　碾盘山坝下各指标隶属度雷达图

表 5.3-16　模糊综合评价结果

准则层	健康评价结果				
	理想健康	健康	亚健康	不健康	病态
雅口坝上	0.35	0.282	0.32	0.048	0
雅口坝下	0.234	0.344	0.334	0.088	0
碾盘山坝上	0.252	0.298	0.396	0.054	0
碾盘山坝下	0.13	0.37	0.403	0.097	0

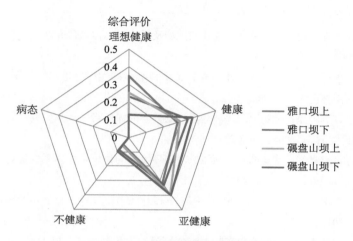

图 5.3-10　模糊综合评价结果雷达图

由雅口坝上、坝下和碾盘山坝上、坝下河流健康状况综合评价结果可以看出，雅口坝上处于"理想健康"状态，雅口坝下处于"健康"状态；碾盘山坝上和坝下均处于"亚健康"状态，坝下的亚健康程度高于坝上。以上结果表明雅口枢纽建成后，其下游水环境健康状况不如上游状况，碾盘山枢纽建成后也有同样的趋势，并且 2023 年水环境状况劣于 2022 年。

5.4　小结

本研究将层次分析法和模糊评价法相结合，建立了汉江中下游河流生态系统健康评价模型，并利用此评价模型对 2012 年、2018 年、2020 年汉江中下游河流健康状况及其水环境状况进行了综合评价。综合评价结果显示汉江中下游生态系统整体上处于健康水平，但也存在一定的健康风险，水环境评价表明汉江中下游干流处于"亚健康"状况，水质自上游至下游有恶化趋势，2020 年水环境状况也呈现恶化趋势，说明梯级开发建设对流域生态系统造成了一定的影响，主要体现在生态流量保障程度（流量）和水温变异程度（水温）等方面；同时，相应的生态保护措施对流域生态环境的保护作用是比较显著的，如生态流量的保证和过鱼设施的建设相对平衡了这些不利影响。

参考文献

[1] 陈莹，赵勇，刘昌明. 节水型社会的内涵及评价指标体系研究初探 [J]. 干旱区研究，2004，21（2）：125-129.

[2] 付蔷. 中国西南水电规划环境影响评价中鱼类多样性评价指标体系研究 [D]. 昆明：西南林业大学，2008.

[3] 徐友浩，李晅煜，钟定胜. 水利建设规划方案的评价指标体系研究 [J]. 科学学与科学技术管理，2005，26（5）：68-72.

[4] 邹家祥，袁丹红，傅慧源. 江河流域规划环境影响评价指标体系的探讨 [J]. 水电站设计，2007，23（3）：15-20.

[5] 郭潇，方国华. 跨流域调水生态环境影响评价研究 [M]. 北京：中国水利水电出版社，2010.

[6] 刘胜祥，薛联芳. 水利水电工程生态环境影响评价技术研究 [M]. 北京：中国环境科学出版社，2006.

第6章

生态环境数据库开发及应用

6.1　研究方法及内容

6.1.1　研究方法

在许多研究过程中，数据的整理都是一个费时费力的过程，且数据为研究的基础部分。因此在本研究中需要建立一个集成数据文件的"仓库"，里面不仅仅是文件的堆叠，更是所需内容所需格式的相互堆叠。所以，首先尝试成立一个以特定格式保存的系统。

MATLAB 由一系列工具组成，这些工具方便用户使用 MATLAB 的函数和文件。其中许多工具采用的是图形用户界面，包括 MATLAB 桌面和命令窗口、历史命令窗口、编辑器和调试器、路径搜索以及便于用户浏览帮助、工作空间、文件的浏览器。随着 MATLAB 的商业化以及软件本身的不断升级，MATLAB 的用户界面也越来越精致，更加接近 Windows 的标准界面，人机交互性更强，操作更简单。而且新版本的 MATLAB 提供了完整的联机查询、帮助系统，极大地方便了用户的使用。简单的编程环境提供了比较完备的调试系统，程序不必经过编译就可以直接运行，而且能够及时地报告错误及进行出错原因分析。它包含控制语句、函数、数据结构、输入和输出及面向对象编程特点。用户可以在命令窗口中将输入语句与执行命令同步，也可以先编写好一个较大的复杂的应用程序（M 文件）后再一起运行。新版本的 MATLAB 语言是基于最为流行的 C++语言基础上的，因此语法特征与 C++语言极为相似，而且更加简单，更加符合科技人员对数学表达式的书写格式，更利于非计算机专业的科技人员使用。而且这种语言可移植性好、可拓展性极强，这也是 MATLAB 能够深入科学研究及工程计算各个领域的重要原因。MATLAB 自产生之日起就具有方便的数据可视化功能，可以将向量和矩阵用图形表现出来，并且可以对图形进行标注和打印。高层次的作图包括二维和三维的可视化、图像处理、动画和表达式作图，可用于科学计算和工程绘图。新版本的 MATLAB 对整个图形处理功能进行了很大的改进和完善，使它不仅在一般数据可视化软件都具有的功能（例如二维曲线和三维曲面的绘制和处理等）方面更加完善，而且对于一些其他软件所没有的功能（例如图形的光照处理、色度处理以及四维数据的表现等），MATLAB 同样表现了出色的处理能力。同时对一些特殊的可视化要求，例如图形对话等，MATLAB 也有相应的功能函数，保证了用户不同层次的要求。另外新版本的 MATLAB 还着重在图形用户界面（GUI）的制作上有了很大的改善，对这方面有特殊要求的用户也可以得到满足。

MATLAB 对许多专门的领域都开发了功能强大的模块集和工具箱。一般来说，它们都是由特定领域的专家开发的，用户可以直接使用工具箱学习、应用和评估不同的方法而不需要自己编写代码。特定领域包括数据采集、数据库接口、概率统计、样条拟合、优化算法、偏微分方程求解、神经网络、小波分析、信号处理、图像处理、系统辨识、控制系统设计、LMI 控制、鲁棒控制、模型预测、模糊逻辑、金融分析、地图工具、非线性控制设计、实时快速原型及半物理仿真、嵌入式系统开发、定点仿真、DSP 与通信、电力系统仿真等，都在工具箱（Toolbox）家族中有了自己的一席之地。

6.1.2　研究内容

开发了基于汉江多测站水质生态情况的数据检索系统软件以及基于汉江多测站水质生态情况的数据初评价软件，因此能更加快捷地调取数据，更加清晰地观测出特征数据的趋势以及走向。

6.1.2.1　基于汉江多时间序列水质生态情况的数据检索系统软件

本软件旨在完成多测站下数据的精细化提取和矩阵中的精准定位，并且配备预览功能，将汉江水质资料整合情况直观地展现出来。用户首先打开软件界面，选择单一变量检索中任意一个项目，进入该项目子目录的另一个软件界面，选择需要数据的采样时间，点击即可导出该采样时间的 pH、溶解氧、高锰酸盐指数、化学需氧量、生化需氧量、氨氮、总磷的值以及该取样点的水质类别。若仅需了解单个站位的具体情况，也可通过软件界面中间的多变量查询模块，查询某一断面的某个月份的 pH、溶解氧、高锰酸盐指数、化学需氧量、生化需氧量、氨氮、总磷的值。

汉江断面繁多，水质情况又多变冗杂，但为克服困扰汉江多年的富营养化问题，进行监测是必须的。因此，开发一款操作简单、运行稳定的软件，且能够直接提取水环境质量标准以及直观显示某断面特征因子的软件十分必要。本软件根据 MATALB 开发，能够快速从所得数据内提取 pH、溶解氧、高锰酸盐指数、化学需氧量、生化需氧量、氨氮、总磷的值，并且直观地显示地理图片。

软件的技术特点如下：

本软件基于 MATLAB R2018b 开发，运用其中的 GUI 功能设计出原始的 ∗.m 文件和 ∗.fig 文件，在此基础上运用 MATLAB 自带的 MATLAB Compiler 编译器将 ∗.m 文件和 ∗.fig 文件编译成可脱离 MATLAB 环境的能够独立执行的 ∗.exe 文件，只要在安装了 MATLAB Compiler（可独立安装，且安装文件很小）的电脑上都可以运行本软件，成功地降低了本软件的运行环境要求，提高可移植性。本软件在用户界面上具有人机交互、操作简便、运行稳定的特点。软件打开后只需要用户点击需要的功能，就可以完成计算海水水质标准值、计算超标率及绘制超标率分布图。软件运行基于输入参数驱动，运行占用内存小。软件基于面向对象程序设计方法设计，可移植性强，可实现功能的扩展。

软件的主要功能如下：

（1）读取用户输入的监测值；

（2）自动显示示例的断面输出的数据格式；

（3）点击按钮显示各断面、时间序列、采样站位关于汉江的相对位置；

（4）根据选择的各断面、时间序列、采样站位，自动导出表格格式的文件；

（5）根据选择的测站、采样时间与特征因子，自动显示该特征因子数值；

（6）快速清除用户输入的参数和计算结果，快速进入下一批数据的输入计算和图形绘制。

具体流程示意图如图 6.1-1 所示。

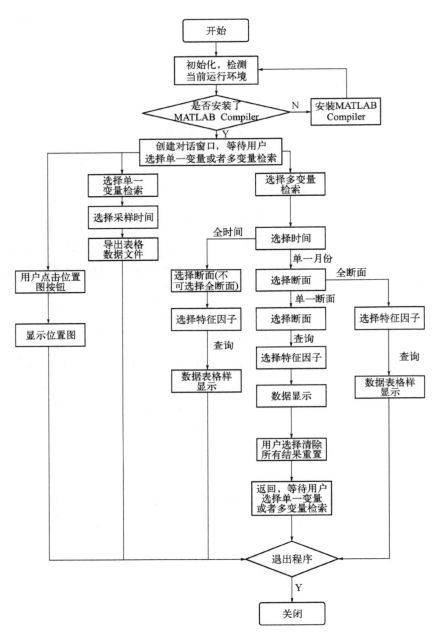

图 6.1-1　基于汉江多时间序列水质生态情况的数据检索系统软件运行流程示意图

6.1.2.2　基于汉江多测站水质生态情况的数据初评价软件

本软件旨在完成多测站下数据的精细化提取和矩阵中的精准定位，并且配备趋势性分析功能，将汉江水质资料大体趋向性情况直观地展现出来。用户首先打开软件界面，选择单一变量检索中任意月份或者断面名称，进入该月份或者断面名称的评价环节，选择需要评价趋势性特征值的参数种类，点击即可展示该特征值的 pH、溶解氧、高锰酸盐指数、化学需氧量、生化需氧量、氨氮、总磷的全年或者全站位趋势图以及柱状图值，点击"开始评价"则可显示出趋势最大值、最小值。

本软件的主要功能如下：

（1）读取用户输入的监测值；

（2）自动显示示例的断面以及时间序列选项；

（3）点击按钮显示各特征因子在各断面或时间序列的柱状图与折线图；

（4）点击按钮显示各断面关于汉江的相对位置；

（5）快速清除用户输入的参数和计算结果，快速进入下一批数据的输入计算和图形绘制。

具体流程示意图如图 6.1-2 所示。

6.1.2.3　基于汉江多测站水质生态情况的数据检索系统软件

本软件旨在完成多测站下数据的精细化提取和矩阵中的精准定位，并且配备预览功能，将汉江水质资料整合情况直观地展现出来。用户首先打开软件界面，选择单一变量检索中任意一个项目，进入该项目子目录的另一个软件界面，选择需要数据的采样时间或测站名称或断面名称，点击即可导出该采样时间或该测站或该断面的 pH、溶解氧、高锰酸盐指数、化学需氧量、生化需氧量、氨氮、总磷的值以及该取样点的水质类别。若仅需了解单个站位的具体情况也可通过软件界面中间的多变量查询模块，查询某一断面的某个月份的 pH、溶解氧、高锰酸盐指数、化学需氧量、生化需氧量、氨氮、总磷的值。

该软件的主要功能如下：

（1）读取用户输入的监测值；

（2）自动显示示例的断面输出的数据格式；

（3）点击按钮显示各断面关于汉江的相对位置；

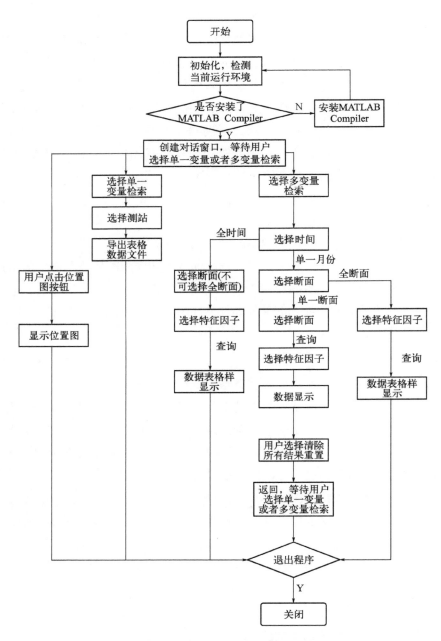

图 6.1-2　基于汉江多测站水质生态情况的数据检索系统软件运行流程示意图

（4）根据输入的数值，自动显示温度随溶解氧变化曲线；

（5）根据选择的测站、采样时间与特征因子，自动显示该特征因子数值；

（6）快速清除用户输入的参数和计算结果，快速进入下一批数据的输入计算和图形绘制。

6.2　案例应用

本案例中的软件旨在完成：水质监测的数据整合与提取、水质评价以及生态鱼类种类检索、浮游植物的评价。在主界面（图 6.2-1）可以查看汉江流域的整体地理位置（图 6.2-2）、坝址位置（图 6.2-3）以及水质监测点位。在互动按钮后，可以看到各个坝址与水质监测点位的基本信息。通过外接端口进入各个子软件界面，分别是水质监测的检索与快速查找系统、水质监测的评价系统与生态浮游植物的评价系统、鱼类检索系统。

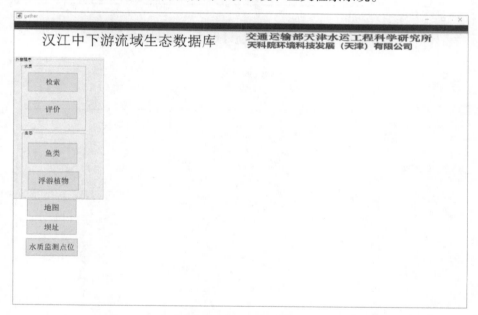

图 6.2-1　汉江中下游流域生态数据库主界面

本软件根据 MATALB 开发，能够快速从软件中得到汉江中下游流域的水质、生态数据与分析结果。

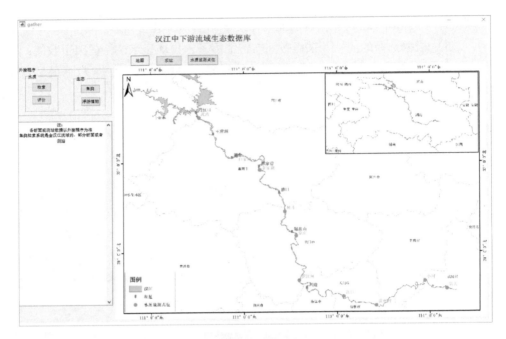

图 6.2-2　汉江中下游流域地图激活数据库界面

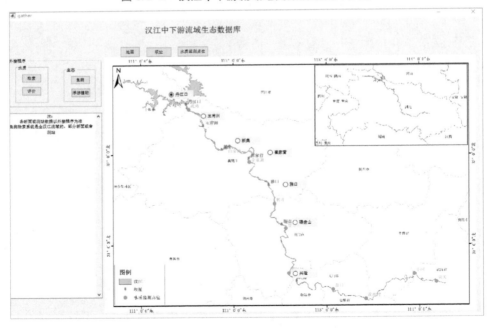

图 6.2-3　坝址激活示意图

水质监测的检索与快速查找系统（图 6.2-4~图 6.2-5）旨在完成多测站下数据的精细化提取和矩阵中的精准定位，并且配备预览功能，将汉江水质资料整合情况直观地展现出来。用户首先打开软件界面，选择单一变量检索中任意一项目，进入该项目子目录的另一个软件界面，选择需要数据的采样时间，点击即可导出该采样时间的 pH、溶解氧、高锰酸盐指数、化学需氧量、生化需

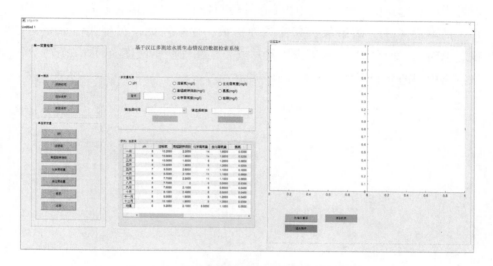

图 6.2-4　水质监测的检索与快速查找系统界面

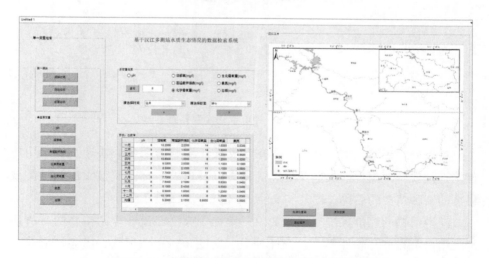

图 6.2-5　水质监测的检索与快速查找系统运行界面

氧量、氨氮、总磷的值以及该取样点的水质类别。若仅需了解单个站位的具体情况也可通过软件界面中间的多变量查询模块，查询某一断面的某个月份的pH、溶解氧、高锰酸盐指数、化学需氧量、生化需氧量、氨氮、总磷的值。

水质评价系统（图 6.2-6）旨在完成多测站下水质数据的简单处理与趋势性分析，可以将汉江水质因素的趋势情况直观地展现出来。用户首先打开软件界面，选择单一变量检索中任意月份与任意断面的信息，右边点击想要评价的因素（pH、溶解氧、高锰酸钾指数、化学需氧量、生化需氧量、氨氮、总磷），即可以显示该因素于某月或者某断面的折线图（图 6.2-7）。再次点击中间的开始评价，即可显示评价的文字。

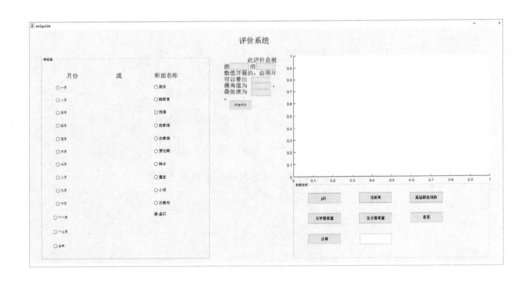

图 6.2-6　评价系统检索界面

鱼类检索系统（图 6.2-8）旨在完成汉江流域的全鱼类快速查询。用户首先打开软件界面，依次选择目类、科类以及鱼类名称及可检索出该目类该科类的某种鱼类的名称、图片与文字介绍。

浮游植物的评价系统（图 6.2-9）旨在完成汉江流域浮游植物的分析评价。用户首先打开软件界面，选择种类、密度、多样性指数、优势种以及分析即可检索出对应的图片文字分析。

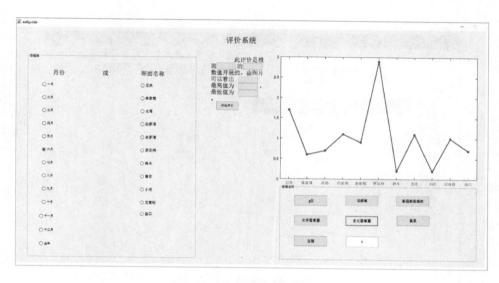

图 6.2-7　六月生化需氧量评价示例

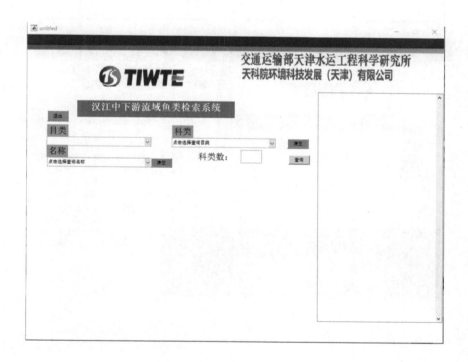

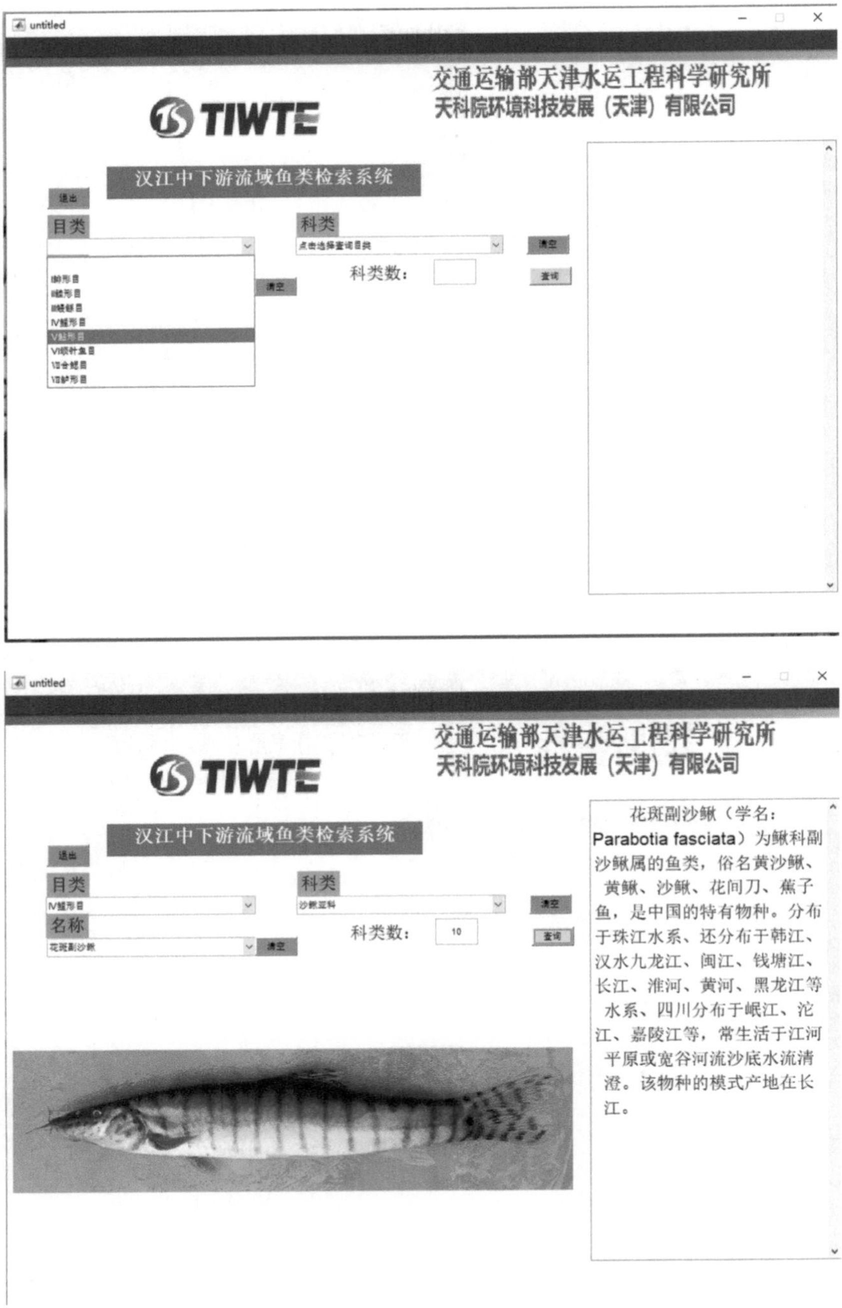

图 6.2-8　汉江中下游流域鱼类检索系统界面

图 6.2-9 浮游植物评价系统界面

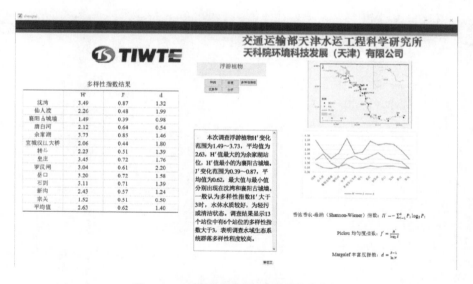

图 6.2-10 浮游植物评价系统显示界面

第7章
生态保护修复措施与建议

7.1　工程措施

7.1.1　过鱼设施措施

通过研究已建过鱼设施（崔家营、兴隆），过鱼效果并不理想，主要原因如下：坝下高密度鱼群分布中心距离鱼道进口较远，集鱼效果不明显；鱼道部分隔板堵塞，造成池室内水力学条件不理想，使得已建梯级鱼道的上行通过率偏低，通过时间偏长；部分鱼类不同地理群体间存在着一定程度的遗传分化，基因交流频率较低等。

建议运营单位加强对鱼道在线监控设施的管理，对鱼道过鱼效果进行长期监控，同时根据过鱼效果监控情况请专业单位对鱼道集鱼设施、鱼道进口等进行适当优化，提高鱼道集鱼设施的功能和鱼道的过鱼效果，更好地发挥该过鱼设施的功能。

目前新建及在建水利枢纽均开展了过鱼设施比选研究，对鱼道设计进行了优化，如下所示：

（1）新集水电站

新集水电站建成后，将改变库区及下游局部河段原有的水文条件，基本阻断了洄游性鱼类、半洄游性鱼类的上溯通道，造成鱼类生活环境破碎，鱼类交流机会减少或者消失。根据已调查的汉江洄游性鱼类、半洄游性鱼类现状，结合新集水电站特点，过鱼对象选择为半洄游性鱼类草鱼、青鱼、鲢鱼、鳙鱼、鲖鱼、鳡鱼等。通过比较工程鱼道和仿自然旁通道方案，选择工程鱼道设计。建议鱼道进水口合理设置拦污栅，并在鱼道运行期间定期清理鱼道内部。

（2）雅口航运枢纽

雅口航运枢纽工程建成后，将改变库区及下游局部河段原有的水文条件，基本阻断了洄游性鱼类、半洄游性鱼类的上溯通道。为保证洄游性鱼类的行为通道，有必要建立鱼道，由于其下游的兴隆水利枢纽和上游的崔家营水利枢纽均建设了过鱼设施，雅口航运枢纽建过鱼设施已成必然。过鱼设施包括仿生态鱼道和工程鱼道，为满足碾盘山枢纽未建时雅口过鱼设施进口水位变幅较大的要求，增设一段低水位进口的工程鱼道，以满足近期过鱼需求，工程鱼道在碾盘山枢纽工程建成后封堵。雅口鱼道进水口合理设置拦污栅，并在鱼道运行期间定期清理鱼道内部。

（3）碾盘山水利水电枢纽

碾盘山水利水电枢纽工程建成后，将改变库区及下游局部河段原有的水文条件，基本阻断了洄游性鱼类、半洄游性鱼类的上溯通道。为保证洄游性鱼类的行为通道，有必要建立鱼道，又其下游的兴隆水利枢纽和上游的崔家营水利枢纽均建设了过鱼设施，碾盘山水利枢纽建过鱼设施已成必然。

由于电站与船闸之间空间有限，而仿生态鱼道占地面积较大，且电站下游水位变幅较大，仿生态鱼道难以适用，本工程采用右岸鱼道过鱼方案。建议鱼道进水口合理设置拦污栅，并在鱼道运行期间定期清理鱼道内部。

针对已建过鱼设施改进建议如下：

（1）崔家营鱼道由于进口的水位问题，鱼道内未见坝下上溯鱼类。崔家营鱼道监测期间（主要过鱼季节）鱼道进鱼口水位均未达到设计水位，且进鱼口高程高于坝下水位，鱼道进鱼口处于非正常运行状态，坝下上溯的鱼类无法找到和进入鱼道进鱼口，但是通过鱼类通过性试验证明，部分鱼类进入鱼道后，是可以顺利通过的，说明崔家营鱼道的内部结构和参数设计具有一定的合理性，可以通过优化运行管理，进一步提高崔家营鱼道的通过效率，通过增加设置拦污栅解决过鱼孔堵塞的问题。

（2）兴隆鱼道进口水位较低时，仍有大量鱼类进入鱼道进口，由于进口水位不足，因此在进口第一隔板处形成跌水，导致潜孔流速较大，使得进口聚集的大量鱼类仅有部分能突破过鱼孔的流速屏障进入上游池室，导致鱼道整体的通过效率较低。兴隆鱼道内部结构设计几乎与崔家营鱼道一致，因此，两鱼道鱼类通过性试验的结果差别不大。综上所述，兴隆鱼道在正常运行状态下，进入鱼道的部分鱼类是能顺利通过鱼道上溯的，鱼道能发挥洄游通道的作用，可通过合理设置拦污栅解决过鱼孔堵塞的问题。

7.1.2　栖息地保护措施

1. 干流栖息地保护

自 2021 年 1 月 1 日起，汉江全面实行暂定为期 10 年的常年禁捕，期间禁止天然渔业资源的生产性捕捞，这将有效保护汉江水生生物资源，也有助于汉江干流栖息地的保护。

2. 支流栖息地保护

目前在建电站及刚建完的雅口航运枢纽，均要求加强支流栖息地的保护。位于新集、雅口及碾盘山附近主要支流包括新集水电站库区北河、南河，坝下唐白河，雅口下游莺河，碾盘山库区段附近俐河和蛮河等，其中历史上存在小型鱼类及四大家鱼主要产卵场的支流为唐白河，应重点开展该水域的保护。

唐白河为汉江中游最大的支流，河道蜿蜒，水量充沛，常发生季节性洪水，作为鱼类的重要栖息地和汉江中游主要的替代生境应予以保护，主要解决唐白河的水质污染问题。由于崔家营水库建成后，受水位顶托影响，唐白河原有产卵场可能会发生上移，这需要进一步研究新的产卵场位置和保护措施。

3. 开展支流栖息地产卵场修复效果研究

建议通过唐白河水质污染与鱼类行为学研究、崔家营水库对唐白河产漂流性卵鱼类产卵场影响研究和唐白河鱼类产卵场创建与修护措施等研究，了解唐白河作为鱼类替代生境的可行性。

开展针对包括莺河在内的不同支流栖息地营造后实施效果研究，主要包括产卵场位置，产卵种类、数量，以及与水文、水质等环境因子相关性研究等，最大限度提高支流栖息地生境多样性和生物多样性。

目前新建成电站以及在建电站栖息地保护措施如下所示：

（1）新集水电站

① 干流栖息地保护

新集水电站上游为王甫洲水利枢纽工程，下游为崔家营水利枢纽工程，根据上下游梯级工程开发特征，新集水电站库尾以上以及坝下干流均保留一定的天然河段。划定干流保护河段范围：新集水电站库尾—王甫洲水利枢纽工程坝址 18 km 江段、新集坝址—崔家营水利枢纽工程库尾 9 km 河段；把保护江段划为禁捕区，设立区界标志，禁止在该区域进行任何捕捞、采砂等涉水作业。

② 支流栖息地保护

经调查，新集水电站库区以及坝下主要支流有北河与南河，均位于右岸，坝下支流还有唐白河。新集水电站建成后，干流保留天然河段，支流将成为工程建成后水生生物重要栖息地。根据干流和支流鱼类种类对比，支流鱼类种类较干流少，但种类具有一定的相似性，工程建成后，支流生境可作为鱼类栖息生境条件。

支流栖息地保护对象主要选择土著流水鱼类和主要经济鱼类，对于省级保护鱼类多鳞白甲鱼和细尾蛇鮈，根据其分布情况，上游的北河、南河将多鳞白甲鱼作为保护对象，下游的唐白河将细尾蛇鮈作为保护对象。产卵场主要为新闸、朱集、埠口、常庄、龚家咀等历史上主要产漂流性卵鱼类产卵场和各河口产黏沉性卵鱼类产卵场。北河主要有多鳞白甲鱼、赤眼鳟、银鲴、鳊、黄颡鱼等鱼类；南河主要有多鳞白甲鱼、赤眼鳟、银鲴、鳊等鱼类；唐白河主要有翘嘴角、吻鮈、赤眼鳟、银鲴、鲢、鳙、青鱼、草鱼、圆吻鲷、鳊、银鮈、吻鮈、细尾蛇鮈等鱼类。

（2）雅口航运枢纽

① 干流栖息地保护

鱼类调查结果表明，建库后原有流水性鱼类多发现于库尾段。因此，可以认为水库库尾段为水电站建成后库区流水性鱼类能够适应的生境。由于雅口航运枢纽上游衔接崔家营航电枢纽，在洪水期，崔家营敞泄，雅口库尾将形成一段流水河段。

此外在洪水期，雅口航运枢纽敞泄，雅口坝下基本保持流水河段，也能为产漂流性卵鱼类提供产卵的繁育条件。因此，建议将洪水期崔家营坝下至雅口库尾、雅口坝下至规划梯级碾盘山库尾水流达到 0.2 m/s 流速的河段作为干流栖息地保护河段。初步估算，崔家营和雅口坝下流速达到 0.2 m/s 以上的流水河段分别长 5 km 和 7 km，建议将上述区域划为禁渔区。

② 支流栖息地保护

雅口水库形成后，支流渭水、淳河在库区内，支流莺河在坝下。根据调查资料和现场查勘结果，渭水，又称小河，沿河化工厂较多，水体污染严重，水质较差，鱼类资源少；淳河流域面积小，水质较差，主要以小型鱼类为主。雅口航运枢纽库区没有合适的可作为栖息地保护的支流。根据对这些支流的踏勘，以水量、水质、地形地貌、河床河势、水文情势、鱼类资源、河流的开发状况等为指标进行比选，拟定莺河作为鱼类支流栖息地进行保护。保护河段范围为莺河二库坝下至河口，约 18 km 河段。

将上述河段划为禁渔区，做为鱼类栖息地保护，已设置卵石、砾石、移植水草等营造鱼类栖息生境，建设鱼类人工模拟产卵场。设立区界标志，禁止在该区域进行捕捞作业，开展长期的水质、鱼类和水生生物等生态环境的监测。

（3）碾盘山水利枢纽

① 干流栖息地保护

碾盘山水利枢纽与上游雅口航运枢纽首尾衔接，库尾流水河段有限。电站尾水附近和鱼道进口，是渔民捕捞的主要水域，因此需要加强保护。相应的，碾盘山水利枢纽与也布置有鱼道，同样也应纳入保护范畴。干流栖息地保护范围为雅口坝下至蛮河河口水域，尾水河口水域。

② 支流栖息地保护

碾盘山库区附近有 2 条较大支流，即利河和蛮河。根据调查资料和现场查勘，利河位于钟祥市磷矿镇杨湾西，流域面积小，水质较差，主要以小型鱼类为主。蛮河，古称夷水，也称堰河，河长 188 km，流域面积 3 244 km²，多年平均流量 46 m³/s。

支流栖息地保护范围为碾盘山坝下、兴隆库尾流水河段。栖息地保护措施：建立渔政管理机构，配备相应执法队伍，增强执法能力。采取全年禁捕的方式，全年禁止在栖息地保护水域从事渔业生产；严禁挖沙、修渠等生产开发活动；保证下放一定的生态流量，并建立在线监测系统；进一步研究在鱼类产卵期的生态调度方案，尽量满足鱼类繁殖对水文情势的要求。

7.2　非工程措施

7.2.1　增殖放流

建议对汉江中下游干流已建和在建鱼类增殖放流站进行统一规划、统一管理，针对汉江中下游干流渔业资源及生境分布特点，选择适宜放流地点，鱼类品种开展增殖放流，加强增殖放流监测和效果评估并根据监测成果适时调整放流规模及种类；同时加强与科研单位合作，开展繁殖研究，包括多鳞白甲鱼、细尾蛇鮈、双斑副沙鳅、宜昌鳅鮀、吻鮈等鱼类。

目前新建及在建水利枢纽均开展鱼类增殖放流建设，如下所示：

（1）新集水电站

鱼类增殖放流站除承担放流任务外，还承担相关鱼类的增殖放流技术研究。人工增殖放流对象主要是多鳞白甲鱼、细尾蛇鮈等湖北省重点保护的水生野生动物及鳊、鲂、鳜、细鳞斜颌鲴、蒙古鲌、黄颡鱼、赤眼鳟等主要经济鱼类。

（2）雅口航运枢纽

雅口航运枢纽工程完工后，水生生物生境面积扩大，引起水生生物种类和分布变化。工程将直接影响汉江鳡产卵场、四大家鱼产卵场，因此大坝兴建后，这些鱼类资源量将明显下降。为维持生态系统的平衡和充分利用水生态资源，弥补鱼类资源的损失，有必要建立鱼类增殖放流站，以期达到恢复汉江鱼类资源的目的。实施放流的种类主要包括鳡、鳊、鲸、青鱼、草鱼、鲢、鳙等。放流的幼鱼必须是由野生亲本人工繁殖的子一代。

（3）碾盘山水利水电枢纽

碾盘山水利水电枢纽工程完工后，工程将直接影响钟祥四大家鱼产卵场，同时对大坝上游宜城四大家鱼产卵场也会造成影响，因此大坝兴建后，这些鱼类资源量将呈下降趋势。为维持生态系统的平衡和充分利用水生态资源，弥补鱼类资源的损失，有必要建立鱼类增殖放流站，以期达到恢复汉江鱼类资源的目的。

实施放流的种类主要包括鳡、鳊、鲸、青鱼、鲢、鳙、铜鱼、鳜、黄颡鱼、长吻鮠等。放流的幼鱼必须是由野生亲本人工繁殖的子一代。目前鲸的人工繁殖尚未见报道，而且鲸的数量稀少，亲本极难获得，应重点加强这方面的研究和探索。

7.2.2 实时监测与评价

实时监测主要应从鱼类资源、水域水质环境及水体水动力变化三个方面切入，结合现推行的河长制，定期对河长负责河段进行水生生物和水环境监测，监测内容包括渔获物组成、鱼苗数量、水质和水动力变化情况等，通过监测结果评估鱼类、水质等水生态、水环境保护措施的有效性，并依据监测结果对保护措施进行调整。通过监测为科学放流，资源和生态环境修复、保护提供科学依据。

7.3 管理措施

7.3.1 生态调度

1. 实施流域生态调度有助于促进鱼类产卵

鉴于生态调度对维护汉江中下游水生生态环境的重要意义，2015 年 11 月，湖北省人民政府以鄂政函〔2015〕235 号，批复了《湖北省汉江干流丹江口以下梯级联合生态调度方案（试行）》。湖北省水利厅于 2018 年 6 月和 2021 年 8 月组织开展了汉江中下游干流联合梯级调度，实施效果明显，如 2018 年生态调度期间，产卵场数量已恢复至 2012 年水平，鱼类产卵数量也显著提高。

根据已实施的生态调度效果，生态调度期间汉江中下游江段鱼卵总径流量和家鱼卵径流量均出现高峰。初步研究表明，汉江生态调度制造的涨水及落水过程能够在一定程度上满足不同鱼类自然繁殖的水文需求，对于减缓汉江流域梯级水电站运行对汉江中下游鱼类自然繁殖的不利影响、维护鱼类种群资源具有重要的意义。针对促进鱼类产卵等开展生态调度建议如下：

（1）将汉江中下游梯级联合生态调度纳入常规调度，有利于汉江中下游水生态系统的健康发展。

（2）合理选择调度期，时间一般选在 6 月中下旬。

建议生态调度在水温稳定在 22 ℃以上后择机开展，时间一般选在 6 月中下旬，每次调度时间应持续 5 d 以上。

（3）产漂性卵鱼产卵繁殖的控制指标阈值范围：起涨流量不低于 1 200 m^3/s，日涨水幅度不低于 400 m^3/s（持续 3 日以上，或 3 日总涨水幅度不低于 1 200 m^3/s）。

（4）开展生态调度相关技术研究，优化生态调度、鱼类资源监测方案。

2. 实施生态调度有助于水质改善

针对每年枯水期 1—3 月份汉江中下游发生水华，丹江口—王甫洲区间伊乐藻过度生长现象，在枯水期也应实施生态调度。通过水库群联合调度，可消除水华形成的水文条件，防止水华发生。

根据以往开展生态调度的效果分析，今后需进一步优化调度方案。在水华暴发前的敏感时期，发现在兴隆库区有出现水华迹象，首先应加大兴隆的下泄流量，降低库水位，拉升库区及坝下游河段的水面流速，以控制藻类繁殖的总体水文环境；然后再加大丹江口下泄流量，进一步增加库区水面流速，补充库区水量，稀释藻类密度。

对引江济汉等调水工程的使用应根据周围环境条件谨慎选择，切不可盲目决策。根据 2018 年水华发生期间水量调度的经验来看，过早增加丹江口的下泄水量对水华防控帮助有限。此外，鉴于兴隆库区水体富营养化日益严重，日常库区换水频率还需增加。

针对伊乐藻过度生长现象，丹江口水库加大向汉江中下游日均下泄流量至 1 200 m³/s 左右，按照高峰流量 1 400 m³/s、低谷流量 500 m³/s 左右调度，最大下泄流量与最小下泄流量之比接近 3∶1，以此创造水动力条件，加大河道内水流速度和水位变幅，抑制伊乐藻等沉水植物在春季萌发。

3. 小结

通过实施生态调度，崔家营、雅口、碾盘山和兴隆 4 个枢纽依次敞泄，开启全部闸门泄水可以使水文条件满足四大家鱼和鳡、鳊、鲸等珍稀鱼类的繁殖需求，同时也可消除大坝的阻隔，使宜城、关家山、钟祥、马良、泽口等四大家鱼产卵场的功能得到维护，也可最大限度地降低对下游水产种质资源保护区的影响，从而为汉江中下游水生生态环境保护奠定良好的基础。同时由于生态调度位于丰水期，在来水预报准确的情况下每次调度可在 1 周内完成，对航运、发电的影响较小，生态调度在经济上也具备可行性。在落实生态调度的基础上，辅以过鱼设施和人工增殖放流，将会在很大程度上减轻梯级开发对汉江中下游水生生态环境的不利影响。

7.3.2　健全流域综合管理

为保证实现汉江干流鱼类繁殖期洪水调度、生态需水调度、防治水华调度等联合生态调度，必须建立有效的水资源利用与环境保护管理的流域管理体制，成立管理汉江水资源的综合性流域机构。

在此基础上，统一开展流域生态基础调查和长期跟踪监测，逐步构建流域生态监测体系和流域生态环境数据库。

开展汉江中下游干流梯级开发下河流-水库系统的适应性管理，从简单恢复坝下自然河流水文情势与生物群落为途径，转变至以优化河流-水库生态结构、功能，维持河流-水库生态系统健康为目标。

7.4 建议

（1）优先开展生态调度相关技术研究，优化生态调度和鱼类资源监测方案。

建议按照湖北省人民政府《关于湖北省汉江干流丹江口以下梯级联合生态调度方案（试行）的批复》的要求，建立健全汉江干流丹江口及以下梯级联合生态调度管理机制，完善联合生态调度方案，开展生态调度，及时进行生态调度效果评估，根据评估结果进一步优化生态调度方案和鱼类资源监测方案。

（2）开展过鱼设施实施效果研究

① 针对已建过鱼设施，建议开展鱼道设施优化工作，如崔家营鱼道应优化运行管理，提高进水口水位，鱼道进水口合理设置拦污栅解决过鱼孔堵塞问题；兴隆鱼道通过延长鱼道布置长度，增设低进鱼口解决因来水来沙导致鱼道进口段水深不足的问题，鱼道延长段采用更适应水位变化的竖缝式结构型式，鱼道进水口合理设置拦污栅以解决过鱼孔堵塞问题。

② 开展过鱼设施实施效果研究

加强对鱼道在线监控设施的管理，对鱼道过鱼效果进行长期监控，同时根据过鱼效果监控情况进行效果评估，对鱼道集鱼设施、鱼道进口等进行适当优化，提高鱼道集鱼设施的功能和鱼道的过鱼效果，更好地发挥该过鱼设施的功能。

（3）开展鱼类栖息地保护与研究

① 建议开展兴隆坝下泽口、岳口和仙桃段鱼类栖息地保护，上述河段为

近年来主要产漂流性卵鱼类的栖息地。

② 建议开展支流栖息地产卵场修复专题研究

建议开展唐白河水质污染与鱼类行为学研究、崔家营水库对唐白河产漂流性卵鱼类产卵场影响研究和唐白河鱼类产卵场创建与修护措施等研究，了解唐白河作为鱼类替代生境的可行性。

开展北河、南河、蛮河和莺河等不同支流栖息地营造后实施效果研究，主要研究产卵场位置，产卵种类、数量，以及与水文、水质等环境因子相关性等，最大限度提高支流栖息地生境多样性和生物多样性。

③ 开展鱼类遗传和遗传分化情况的分析

基于不同江段鱼类遗传多样性的鱼道保护效果研究可知，部分鱼类不同地理群体间存在着一定程度的遗传分化，基因交流频率较低，说明已建鱼道工程未能完全消除工程建设对鱼类遗传交流的影响，由于前期的过鱼效果评估研究中未开展鱼类遗传多样性研究，因此建议在枢纽完建后，继续开展鱼类遗传多样性和遗传分化情况的分析，综合评估梯级鱼道的保护效果。

（4）完善汉江中下游干流生态环境数据库，实现资源共享，为有效开展汉江中下游干流生态调度、生态修复等提供数据支撑。

汉江中下游干流梯级开发下的生态环境累积效应研究需要大量数据来支撑。因此，需要完善和更新汉江中下游干流生态环境数据库，实现资源共享。